物联网

软件架构设计与实现

王强◎著

北京大学出版社
PEKING UNIVERSITY PRESS

内 容 提 要

目前，物联网进入了与传统产业深度融合发展的新阶段，工业制造领域的转型升级成为工业物联网发展的重要驱动力，软件与硬件协同发展将成为物联网发展的重要趋势。

本书从物联网软件框架的角度出发进行顶层设计，解决集成设备过程中多协议、多交互机制、多数据格式的问题，全面阐述设备数据和系统数据集成过程中面临的实际问题。

本书涵盖通信框架、设备驱动管理器的设计、插件引擎设计、序列号的设计、OPC Server和OPC Client服务介绍及应用案例分享等内容，全面介绍物联网软件框架的整体实现过程。本书逻辑性强、整体性好，适合有一定编程基础的开发人员、框架设计人员、方案设计人员和即将步入职场的高校学生学习。

图书在版编目(CIP)数据

物联网软件架构设计与实现 / 王强著. — 北京 : 北京大学出版社, 2022.7

ISBN 978-7-301-33099-9

Ⅰ. ①物… Ⅱ. ①王… Ⅲ. ①物联网 – 软件设计 Ⅳ. ①TP393.4②TP18

中国版本图书馆CIP数据核字(2022)第107851号

书　　名　物联网软件架构设计与实现
WULIANWANG RUANJIAN JIAGOU SHEJI YU SHIXIAN

著作责任者　王　强　著

责 任 编 辑　王继伟　杨　爽

标 准 书 号　ISBN 978-7-301-33099-9

出 版 发 行　北京大学出版社

地　　址　北京市海淀区成府路205 号　100871

网　　址　http://www. pup. cn　　新浪微博: @ 北京大学出版社

电 子 信 箱　pup7@ pup. cn

电　　话　邮购部 010-62752015　发行部 010-62750672　编辑部 010-62570390

印 刷 者　河北滦县鑫华书刊印刷厂

经 销 者　新华书店

787毫米×1092毫米　16开本　15.5印张　328千字

2022年7月第1版　2022年7月第1次印刷

印　　数　1-3000册

定　　价　79.00 元

FOREWORD

前言

中国的工业生产企业生产过程的信息化水平相对落后，数据汇集、数据应用、数据分析等方面都存在一定的问题，需要进一步进行数据标准化建模，有效应用生产过程中各环节产生的数据，结合生产工艺及经验提炼行业工业知识，深度优化生产过程工艺的水平。

针对整体信息化建设，决策层、业务人员、技术人员需要转变思路，充分利用物联网、大数据、人工智能、数字孪生、工业互联网等先进理念和技术，提升企业的数字化、网络化、智能化、标准化水平。本书以数据为中心，以生产过程为核心，以工具赋能构建业务功能，实现设备状态监测及预警、生产过程优化、科学智能决策、降低能源消耗等目标，提升企业的信息化水平。

基于现实情况，本书介绍了传统产业与物联网相结合的关键技术，以通信技术为载体，搭建各“物体”进行信息交互的高速路。每次通信技术的更新换代都会给社会带来巨大的改变，在生产和工作中，怎么理解通信技术、用好通信技术是必不可少的课题。本书从软件方面全面地阐述了物联网通信的核心，涵盖框架顶层设计、分步开发等各个方面，详细介绍如何实现异构设备互联互通。

本书介绍的物联网框架不仅仅是一个通信框架，还充分结合了项目经验和应用场景。物联网通信机制包括轮询模式、自控模式和并发模式，能够满足 90% 以上的物联网项目的应用需求；支持插件化的设备驱动二次开发，继承一个接口类可以实现串口和网络两种通信方式；支持设备驱动的命令优先调度，在物联网通信过程中实现命令高效下发；实现模板化的数据解析，解决受网络通信过程影响的数据拆包和粘包的问题；实现多通信服务实例在高并发通信场景下的 IO 复用，同时解耦不同业务数据的通信。

从开发者的角度看，本书介绍的物联网框架还有很大的修改和扩展空间；从二次开发者的角度来看，物联网框架大幅提高了开发效率，降低了项目实施成本；从实际应用的角度来看，物联网框架运行稳定，降低了运维工作的强度。

经过多年的完善和迭代，物联网框架可以集成公司的所有设备和协议，包括项目实施过程中集成的其他公司的设备协议，在集成项目的数据采集及交互方面发挥了重要作用，提高了复用和开发效率，降低了时间成本和人力成本。

本书特色

框架的核心思想是把不变的部分抽象出来形成接口，把不断变化的部分做得更灵活。本书对框架的设计与实现进行的介绍，不仅体现在技术方面，也体现在软件的设计思路上，同时指出哪里能够改进，希望通过交流，帮助读者实现技术和思维层面的提高。

本书从通信的本质、能够解决的现实问题、框架特点等作为切入点，结合项目开发经验进行讲解，图文并茂，代码注释清晰，通俗易懂。

扫描图书封底“资源下载”二维码，输入本书正文 77 页资源下载码，可获得本书附赠代码资源。

本书读者对象

- 有一定编程基础的开发人员
- 系统集成项目实施人员
- 信息化系统框架设计人员
- 售前方案设计人员
- 高校计算机相关专业学生
- 相关行业公司老板及CTO

CONTENTS

目 录

第1章

CHAPTER 1

通信框架介绍

从软件设计角度来看，框架是一个可复用的软件架构解决方案，规定了应用的体系结构，阐明了软件体系结构中各层次间及层次内部各组件间的关系。

框架决定了一个软件的生命力，一个好的框架能支持软件不断地迭代更新，满足不断变化的场景需求。对于通信框架，应该关注通信的本质、通信框架能够解决的问题、通信框架的应用场景、通信框架的特点等内容。

1.1 通信的本质

通信就是信息的传递，信息传递又分为单向信息传递和双向信息传递。用喇叭进行广播是单向信息传递，打电话是双向信息传递。

单向信息传递较为简单，只需要向信息接收者实时发送信息，而不用管信息是否到达及到达后是否被处理。这种信息传递方式适用于对数据完整性要求不高的场景，如采集温度传感器的数据。但如果数据源或传感器比较多的话，就要考虑并发量的问题。随着互联网技术的发展，并发问题也可以得到很好的解决。

双向信息传递相对复杂，不仅涉及发送数据的问题，还涉及信息握手、数据补传等一系列交互问题。客户端和服务端进行信息交互时，还涉及是哪一方先发起信息传递，如客户端主动向服务端发送数据，服务端会接收数据并进行处理，但有时候服务端不希望接收客户端发送的数据，只有服务端向客户端发送请求命令后，客户端根据命令才可以返回相应的数据。在与硬件进行双向通信的时候，还涉及载波通道是半双工和全双工的问题：半双工是同一时刻在通道上只能 A 向 B 或 B 向 A 发送数据，即数据只能单向传输；全双工是 A 向 B 发送数据，同时 B 也可以向 A 发送数据，发送和接收数据可以同步进行。这种信息传递方式适用于对数据安全性要求比较高的应用场景。

不管是单向信息传递还是双向信息传递，都涉及传输协议、编码方式和数据校验。传输协议是能够封装和解析并且能够相互理解的数据格式，它是一种数据规约方式，可以使用标准协议满足通用应用场景的需求，如 Modbus、XMPP、AMQP、MQTT 等，也可以使用自定义协议；有了传输协议后，传输过程还涉及编码方式，如 GBK、UTF、ASCII，有可能在编码的基础上还要进行加密，以保证数据的安全性；为了保证数据包的完整性、唯一性及相互可解析，需要增加对数据的校验，常用的校验方式为 CRC。传输协议、编码方式和数据校验的目的只有一个，就是防止数据在传输过程中受到干扰或被恶意篡改。打个比方，一个中国人说普通话，一个外国人说英语，语法不一样，“编码格式”不一样，结果就是彼此讲话听不懂。

现在系统性软件框架开发都采用面向对象的开发方式，创建一个对象并给对象的属性赋值后，直接把对象传给接口函数完成数据发送。这种操作方式使开发者更关注业务层面，从而忽略了和通信技术相关的很多细节，如通信机制、序列化、协议、编码、字节流的操作等。

但是，SuperIO（即框架）对底层字节流（byte[]）的操作，更多的是关注通信框架、数据协议、数据缓存、数据处理流程、设备驱动、插件、二次开发等方面。因为在物联网时代将会面对很多数据源，包括各种传感器、手机、PC 端、智能硬件、传统嵌入式设备等，协议众多，并且很难统一，所以最直接的数据操作就是字节流。笔者在 2006 年参加工作时，传输速率为 300 波特率，同时受寄存器的存储空间限制，为了减少通道传输的数据量，1 个字节要表示 8 种状态类型。

在物联网时代，会面临各种通信情况，如一个串口或网络通道，面临一个通道对应一个设备、一个通道对应多个设备的通信，所以，没有一个好的框架就无法满足多种 IO 通道、多种协议、多种交互机制的通用性和兼容性要求。

要实现串口通信和网络通信并不难，无非是发送数据、接收数据、处理数据这三个流程，但是把多种通信通道、多种交互机制、多种协议兼容、高并发应用等考虑周全并不是一件容易的事，并且有些问题不是很好解决。单一问题可以通过堆代码的方式来解决，复杂的应用场景问题则需要一种框架体系来解决。

1.2 框架简介

如果一个公司的硬件产品众多，协议又各不相同，每一个硬件产品都对应一套上位机软件，需要专人维护，并且客户的需求经常变化，维护成本就会很高，增加了公司的运营成本。另外，修改同类硬件产品的配套软件，可能会出现新的 BUG。大公司可以通过“堆人”来解决上述问题，但是对于中小公司来讲，无法承担此类成本，所以要通过一个软件框架来解决上述问题，同时降低开发产品、实施项目、运行维护等多方面的成本。

以市场需求为核心，随着公司的发展，需要重构软件系统，以适应应用场景的环境和硬件变化，降低运维成本，释放劳动力。所以一个成熟的公司需要软件框架支撑企业的发展。

从技术方面看，软件框架是一个系统全部或部分的可复用设计，通常由一组接口、抽象类和类之间的协作组成。随着软件产品的开发越来越复杂，解决问题的难度在不断提高，IT 界一直在寻找更好的方法，如制定各种软件开发标准和规范，开发更高级且更有生产力的编程语言、更好的编译器、运行时不需要编译的解释性开发语言、功能强大且更通用的组件库，探索适用不同应用场景的设计模式等。

从软件工程角度出发，采用软件框架具有如下优势。

（1）尽量提高软件的可重用性，避免不必要的重复编码工作。

（2）提高组件的封装程度。

（3）提高软件的模块化程度。

（4）不同功能模块能够无缝集成。

（5）软件具有灵活的可扩展性。

（6）软件的扩展和开发标准化。

（7）软件产品具有面向不同应用层面的适应性和易移植性。

在设计层面上，越来越多的软件产品开始采用框架的思维进行结构设计。框架是一个被广泛使用的术语，它已经成为软件开发中一种非常实用且常用的设计和开发规范。

我们一定见过很多自称“框架”的软件产品，也许有人会觉得这么少的代码量居然也配自称软件框架？事实上框架与规模大小、代码多少无关，在架构师眼中，再简单的代码也可以用框架思维来设计。

1.3 需要解决的现实问题

在工业及物联网领域，经常遇到软硬件之间的数据交互，并且面临着复杂的现场环境问题，具体介绍如下。

（1）复杂的、多样的通信协议。现实环境需要的通信协议有标准的协议，如 Modbus，也有很多根据标准协议修改的协议及自定义协议。质量欠佳的软件框架在应对复杂的应用场景的变化时，经常要增加设备或协议并对整个软件进行梳理，此过程往往会出现新的问题。

（2）不同用户对软件界面或功能的要求不同，需要自定义数据显示界面。

（3）在做集成项目时，要考虑输入输出数据的多样性。首先，集成其他厂家的设备时，需要进行数据接入。其次，还有很多厂家要集成自己家的设备，这就涉及数据的输出问题，输入和输出的数据格式常常千差万别。

（4）因为通信链路的多样性，同一个设备可能要支持 RS-232/RS-485/RS-422、RJ45、3G/4G/5G 等通信方式，给开发造成很大的障碍。

（5）软件与硬件之间的兼容性很差，管理起来难度很大。

为了解决以上问题，开发一个支持二次开发的软件框架很有必要。支持二次开发的软件框架在不对软件框架进行改动的情况下，能够很方便地接入设备、维护设备、集成设备、处理设备业务数据。软件框架相对稳定，需要经常变化的部分可以进行灵活设计。

1.4 应用场景

软件框架形成产品后要定位它的应用场景。对于应用场景在设计框架之前就要有清晰的规划，在设计过程中也要不断强调框架的设计目标。例如，在产品应用方面，软件框架可能要部署在计算机上，与众多硬件、传感器进行数据交互，在本地进行数据存储；在项目应用方面，软件框架可能要部署在服务端，与客户端（计算机、硬件、传感器等）进行数据交互，在服务端进行数据存储。

所以，软件框架的交互场景包括两方面：第一，与硬件产品交互；第二，与软件产品交互。基于以上情况，设计软件框架时，主要考虑以下两个目标。

1. 软件框架应用在计算机上

设计的软件框架主要应用在工作站的工控机上，通过 RS-485/RS-232、RJ45、4-20mA 等方式采集硬件设备的数据信息。同时，通信平台与服务端的软件进行交互，负责上传数据信息、接收控制命令等。

2. 软件框架应用在服务端

终端设备以 3G/4G/5G、有线专网、卫星等与通信平台连接，进行数据交互，终端设备包括计算机、移动终端（手机）、监测设备和传感器等。

基于以上考虑，软件框架的应用场景结构如图 1-1 所示。

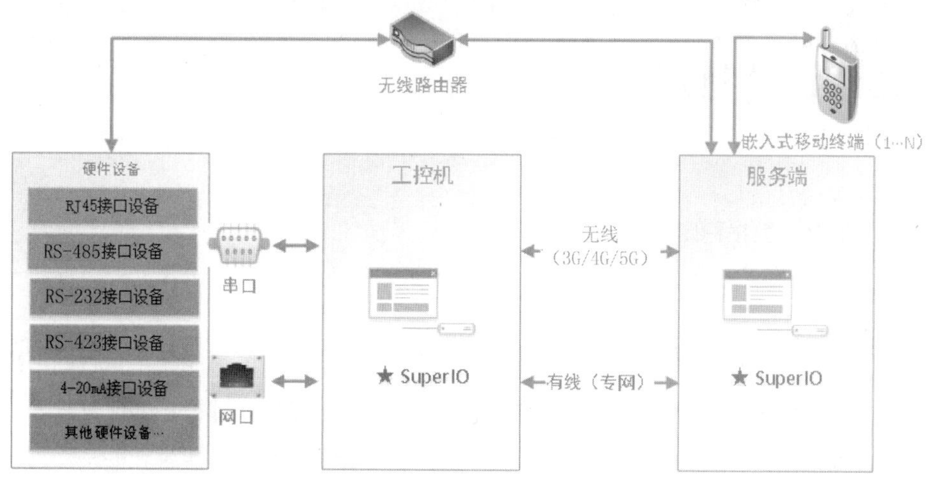

图1-1　软件框架应用场景示意

1.5 软件框架特点

软件框架要有简单、清晰的规划，包括功能层面、性能层面、应用层面、运行层面、二次开发层面等，这些规划可以使设计、开发的目标更加清晰。框架的特点如下。

（1）可以快速构建通信数据采集平台软件的宿主程序。

（2）可以快速构建设备驱动，以及相关的协议驱动、命令缓冲、自定义参数和实时数据属性等。

（3）可以快速显示二次开发图形，可进行数据输出、服务驱动，以插件的形式进行挂载。

（4）一个设备驱动，同时支持串口（COM）和网络（TCPServer/TCPClient）通信机制，并且可以自由切换。

（5）内置协议驱动，可以把第三方协议转换成自定义的协议，协议的本质是对字节流的操作。

（6）内置设备命令缓冲器，可以设置命令发送的优先级别，保证命令能够快速响应。

（7）以服务驱动插件的方式对 OPC 服务、4-20mA 输出、LED 大屏显示、短信服务等进行二次开发。

（8）开发速度快，运行稳定，扩展性强。

（9）适用于工业上位机及物联网领域，以及在系统集成中采集远程设备数据。

（10）支持 Windows XP/7/8/8.1/10 系统和 Windows Server 2003/2008/2012 系统。

1.6 框架设计特点

框架最重要的特点包括稳定性、扩展性和性能。

1. 稳定性

对于一个实时数据交互框架来说，最重要的就是稳定性，这是保障系统正常运行的前提，不能出现软件无故退出、关闭软件后进程无法退出、无法响应数据、无法处理数据等现象。

基于可能存在的问题，我们要考虑容错机制、模块无缝对接、记录日志等功能的实现。容错机制是所有软件都有的一种机制，核心功能是对异常状态的处理。对于操作的一般性功能，如果出现异常状态，我们可能不需要过多地干预，只需要记录日志，再次操作同样的功能可以验证异常状态的可重复性，根据日志信息有针对性地解决问题；对于事务性任务，对异常状态的处理会有多种选择，既可以简单地记录异常信息，也可以销毁当前资源，重新启动任务，直到启动任务成功并恢复到出现异常状态的时间节点。不同应用场景，选择的处理方式也不一样。

模块无缝对接要求对接口、抽象类及类的模块划分、设计粒度有很好的把握，更多体现在经验方面。模块之间是一种契约关系，如何履行契约涉及很多设计模式的选择，所以说对设计模块的把握程度会直接影响软件框架的成熟度。就好比两个人对话，如果说话方式、语意都不能相互理解，就有可能话不投机半句多。

记录日志是所有软件必须要有的功能，这为我们排查错误提供了很大的方便。日志记录有很多开源的项目可以拿来直接使用，如常用的 Log4Net。

2. 扩展性

用户可能比设计者更关心软件框架的稳定性，但是用户不仅仅满足于稳定性，还会提出各种新需求，这些需求更多体现在功能方面。如果框架的扩展性不好，对于开发者来说就是万丈深渊。

可扩展是软件框架最显著的特征之一，它意味着软件框架的功能具有扩展能力。没有扩展能力的软件框架毫无价值，因为框架本身就是为了提供统一的上下文环境给二次开发的应用使用。软件框架的可扩展性使我们能够基于一个平台实现不同的功能，满足不同的应用需求。

框架的可扩展性主要通过继承和聚合两种方式实现。继承方式是指通过派生类继承基类或接口，通过重用基类的功能及定义新功能的方式实现软件框架的功能扩展；聚合方式是指调用不同的类型组合为一个新类型而扩展出全新的功能。研究 Framework 框架源代码，能够更直观地了解继承和聚合的作用。

除扩展性外，我们还要考虑模块化、可重用性、可维护性等。不是把每个功能都编译成一个 DLL 程序集就可以称为模块化，一个程序集内部也可以模块化。模块化是从软件框架层面在逻辑上横向、纵向对模块和层次进行划分，以降低模块之间的耦合度，不会因为一个模块的变化而影响其他模块。划分模块时要保证模块之间输入、输出的一致性。

可重用性也可以称为可复用性，是衡量代码质量的重要标准之一。软件框架设计的目的之一是提高二次开发的效率，减少没有必要的重复劳作，降低成本。一般来说，软件框架可重用性可以是离散存在的函数，也可以是封装好的类库，以方便我们使用。

可维护性是根据业务需求变化，能够方便地进行改变的能力，也是扩展性的落脚点，让我们能尽量少地修改代码，从而达到满足需求而又不影响软件的整体运行的目的。

3. 性能

性能是衡量软件运行效率的重要指标，是对软件运行极限的考验。例如，不管挂载多少设备驱动，用户要求 1 秒钟要读取一次所有设备的数据，如果实现不了，用户就不会签合同。

互联网行业对性能的要求更高、更全面，有很多指标性的参数，如响应时间、延迟时间、吞吐量、并发量、资源利用率等，一般需要对软件、服务进行压力测试。传统行业应用场景不妨使用先进的框架或第三方组件，如消息队列框架（kafka、ActiveMq、RabbitMq、ZeroMq、EQueue）、响应式消息框架（Akka.net）、作业调度框架（Quartz.net）等，这些框架或组件有助于提高软件、系统的效率和性能。

当然，对于性能来讲，软件只是一个方面，网络结构、服务器部署等也是影响性能的重要因素。

1.7 插件式软件框架

插件式软件框架开发的核心技术是基于接口编程和程序集反射技术。接口和具体实现分离是面向组件编程的核心原则，反射是通过编程方式读取与类型相关的元数据的行为。

把接口从实现分离时，具体实现是针对服务抽象（接口）进行编程，不是一个具体的对象实现。这样，当改变接口服务的实现细节时不会影响具体实现过程。在传统的面向对象编程中，通常使用抽象类来定义一个服务抽象。抽象类用来定义一套协议，多个从抽象类中派生出来的类将实现这些协议。当不同的服务提供程序共享一个公共基类时，它们将成为服务抽象的多态，客户端只需要很少的改变就能够在不同的服务提供程序之间进行切换。不过，抽象类和接口之间有如下几个重要的不同之处。

（1）一个抽象类仍然可以有实现，它有成员变量、抽象方法或属性，而接口不能实现具体的过程，也不能有成员变量。

（2）一个 .NET 类只能从一个基类中派生，即便基类是抽象的。然而，一个 .NET 类可以根据需要实现多个接口。

（3）抽象类可以从其他类或从一个或多个接口中派生，而接口只能从另一接口派生。

（4）抽象类可以有静态方法和静态成员，同时能定义常量，而接口可以不包含其中任何一个。

（5）抽象类可以有构造函数，而接口不可以。

抽象类和接口之间的差异是刻意设计出来的，并不是为了限制接口的使用，而是为了在服务提供程序（实现接口的类）和服务使用程序（类的客户端）之间提供一个正式的公共契约。不允许在接口中实现任何细节，如方法、常量、静态成员和构造函数等，可以使 .NET 进一步促进服务提供者与客户端的松散耦合。因为契约中没有任何实现，所以具体实现在接口设计完成之后。接口起到了组件之间隔离的作用，从而实现结构化框架设计的模块化。

定义和实现一个接口的代码如下。

```
public interface IMyInterface
{
   void Do();
}
public class MyClass : IMyInterface
{
public void Do()
{
// 具体实现
}
}
```

反射是通过编程方式读取与类型相关联的元数据的行为，通过读取元数据，能了解它是什么类及它由什么构成（即方法、属性和基类）。反射服务在 System.Reflection 命名空间中定义，System 命名空间中定义抽象类 Type，.NET 类中提供的所有类型（数值、类和接口），还有开发人员定义的类型，都有相应且唯一的 Type 值，为反射提供了基础操作的媒介。反射还有另一个特性，即通过 Emit 操作可以在程序运行期间定义新类型，生成相应的 IL 代码和元数据，代码如下。

```
/// <summary>
/// 根据类型实例化
/// </summary>
/// <param name=" type">程序集类型 </param>
public T BuildUp<T>(Type type)
{
     return (T)Activator.CreateInstance(type);
}

/// <summary>
/// 软件框架主要使用了这个函数
/// </summary>
/// <typeparam name="T">泛型，定义的接口 </typeparam>
/// <param name="assemblyname">程序集名称 </param>
/// <param name="instancename">程序集实例名称，具体的实现部分 </param>
/// <returns></returns>
public T BuildUp<T>(string assemblyname, string instancename)
{
    if (!System.IO.File.Exists(assemblyname))
    {
         throw new FileNotFoundException(assemblyname + " 不存在 ");
    }
    System.Reflection.Assembly assmble = System.Reflection.Assembly.LoadFrom
```

```
(assemblyname);
    object tmpobj = assmble.CreateInstance(instancename);
    return (T)tmpobj;
}
```

软件框架是使用接口和反射技术实现的插件机制，在后面的章节中将进行详细介绍。

1.8 开发环境

1. 开发语言

使用 C# 开发的物联网框架，使用其他语言也可以实现，如 Java、Python 等。

2. 开发工具

创建工程时使用的是 Microsoft Visual Studio 2008 工具，后来升级到 Visual Studio 2012，对框架进行了重新编译。

3. 依赖框架

创建工程时使用的是 .NET Framework 2.0 框架，后来升级到 .NET Framework 4.0；为了兼容较低版本的操作系统（Windows XP sp3），框架只能使用 .NET Framework 4.0，高于此版本的框架在 Windows XP sp3 下无法运行，如图 1-2 所示。

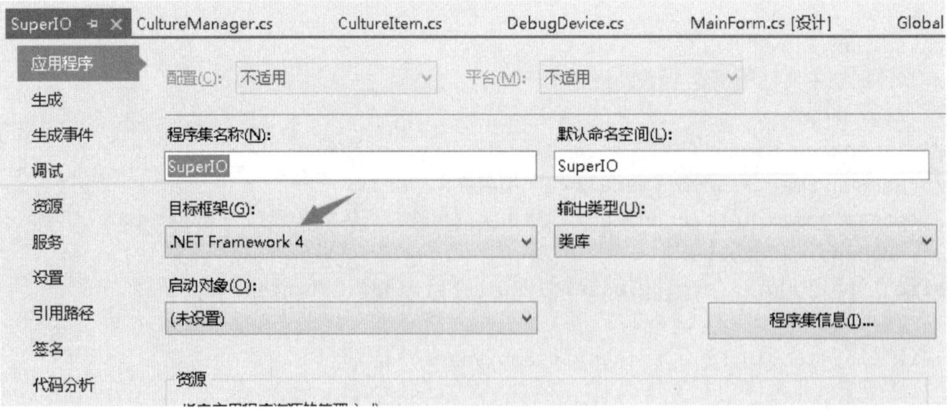

图1-2　依赖的框架

4. 编译环境

使用 x86 平台对项目进行编译，如果开发插件也需要用 x86 平台进行编译，就要考虑到 32 位和 64 位操作系统的通用性，如图 1-3 所示。

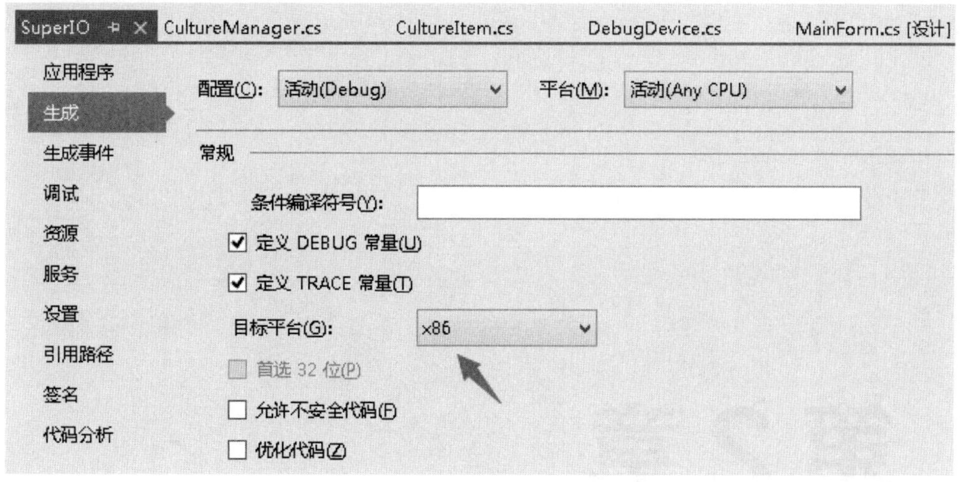

图1-3 编译环境

5. 开发环境

一开始在 Windows XP sp3 操作系统下进行开发，后来升级到 Windows 10 操作系统。

1.9 第三方组件

使用 Developer Express 套件对框架的 UI 部分进行布局，主要应用在 Menu、XtraTabbedMdiManager、DockPanel 这三个方面。

使用 PCOMM.dll 对串口通道进行操作，没有使用微软自带的 SerialPort（即串行接口）组件，因为这个组件与一些工业串口卡不兼容。

OPC 服务端使用的是 OPC 基金会的 WtOPCSvr.dll 组件，但是这个组件需要正版授权。OPC 客户端使用的是 OPCDAAuto.dll 组件。

第2章

CHAPTER 2

框架的总体设计

框架的总体设计是指引开发方向的原则，可以保证后续的开发过程不偏离设计的初衷。宿主程序规范了应用的方向，通信机制规范了交互的原则。

层次示意框架图和模型对象示意框架图应该在框架开发前就画好，这对理解框架很有帮助。

2.1 宿主程序设计

插件式软件框架要有一个宿主程序来承载和加载插件，为插件、驱动提供可运行的环境，使宿主程序与插件无缝对接。宿主程序与插件是水和鱼的关系：有水无鱼，水就失去了价值；有鱼没水，鱼就会死去。从关系的角度来分析，开发框架的目的是与其他事物发生关系，包括插件、组件或其他软件。发生的关系越多、相处越融洽，证明这个框架的价值越高。

框架使用 NET 反射技术开发插件管理机制，本章不详细介绍具体的技术细节，在后面的章节再介绍其技术应用。

一个框架的宿主程序应该怎样设计呢？或是说从哪些方面去考虑设计问题？首先，这个问题不应该从技术角度去考虑，而应该从使用者的角度、二次开发者的角度来规划宿主程序。

从使用者的角度来分析，宿主程序应该包括用户管理、设备驱动管理、设备状态监视方式、自定义 UI 插件显示方式、自定义输出数据插件操作方式、服务插件的服务方式、软件运行的监视方式、串口 IO 通道监视方式、网络 IO 通道监视方式等。这些是从框架的方向进行规划，还需要再进一步细化，才能指导我们的开发工作。

用户管理要支持多用户及用户权限分配。针对实时数据采集框架，实际场景应用的时候，肯定会涉及两个角色：操作人员和工程师人员。针对操作人员的权限定位是可以查看参数和数据信息；针对工程师人员的权限定位是不仅可以查看参数和数据信息，还可以修改参数。

设备驱动（插件）是通过接口、抽象类设计的框架核心部分之一，可以把二次开发的设备驱动插件加载到框架中运行，完成数据采集、校验、解析、处理和命令下发等相关操作。同时，设备驱动还应该具备增加或删除相关设备插件的功能。增加设备插件的操作窗口如图 2-1 所示。

图2-1 增加设备插件

设备状态监视方式可以称为“设备运行器”，它并不是对不同类型设备驱动的参数、属性等数据进行简单显示，而是对设备通用参数、属性、实时状态等数据进行显示和监视，如设备 ID、设备名称、地址、通讯类型、IO 参数、IO 状态、通讯状态、设备状态、报警状态、设备类型和设备编号等，如图 2-2 所示。

图2-2　设备状态

自定义 UI 插件显示方式的原理是，二次开发者在规范的接口的基础上开发数据显示方式，开发完成后将其挂载到框架的配置文件中，当用户单击某一个显示视图的时候，该视图会以标签页的形式显示，并且可以单击按钮进行关闭，如图 2-3 所示。

图2-3　自定义UI插件显示方式

自定义输出数据插件可以实时导出数据，可以把一类设备的数据输出为多种数据格式。输出数据插件可以通过配置文件进行加载，只要设备驱动有数据更新，就会把数据通过接口传递给输出数据插件，进行数据输出操作。不在配置文件中配置插件信息，则程序不进行加载和数据输出操作。这种事务性的服务不需要界面来完成，可以在宿主程序启动时通过代码来完成。

服务插件执行长期运行的事务性任务，有些服务需要随宿主程序启动而自动运行，有些服务需要手动启动才会运行。在宿主程序启动的时候要把服务的信息加载到菜单上，菜单里显示的服务有的可能已经启动，有些需要通过单击操作，显示窗体及填写必要的信息后才能启动。所以，宿主程序与服务插件不是单向交互，而是双向交互。例如，采集设备的数据并处理之后，要把数据上传到其他系统中，就可以开发一个服务插件来完成这项任务，如图 2-4 所示。

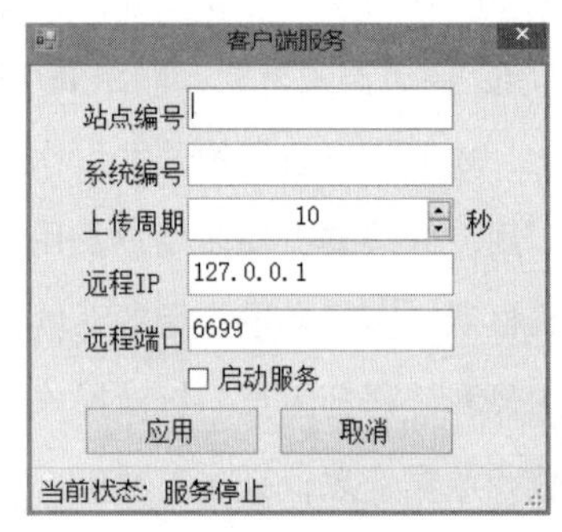

图2-4　服务插件

软件运行的监视可以监视框架运行情况和设备运行情况，把异常的信息友好地显示出来，并把异常的详细信息保存到日志文件，对于实时数据采集框架的运行很有帮助，如图 2-5 所示。

串口 IO 通道监视，指当某一个设备驱动以串口方式通信时，串口参数动态发生改变时，串口监视器会反映当前串口 IO 状态，如增加串口、删除串口、串口号和波特率的改变等，如图 2-6 所示。

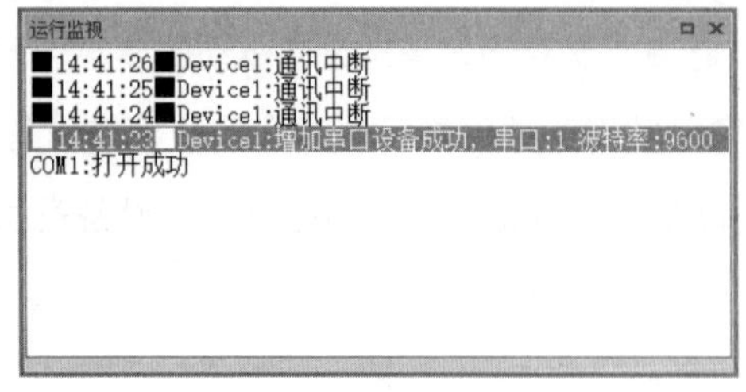

图2-5　设备运行日志

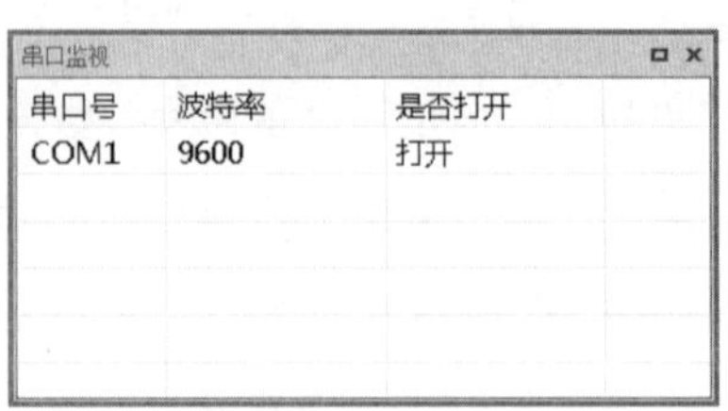

图2-6　串口IO状态

IO 状态监测需要对 Socket 实例的连接和断开进行事件反映，Socket 实例有效时把信息增加到网络监视器中，Socket 实例无效时，释放相关资源后，从网络监视器删除相关信息，如图 2-7 所示。

基于以上分析，我们需要构建一个完整的宿主程序，并使其具备必要的功能。宿主程序不一定很复杂，因为有些功能可以在设备插件中实现。构建的宿主程序如图 2-8 所示。

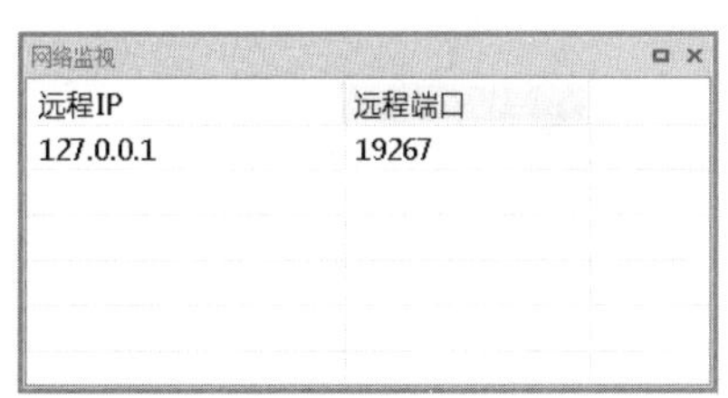

图2-7　网络IO状态

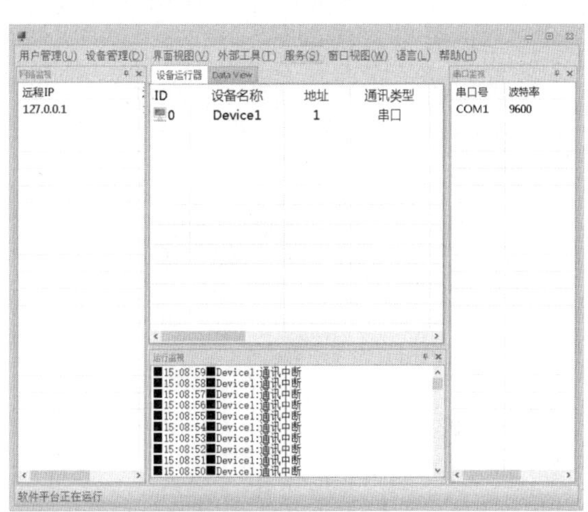

图2-8　宿主程序界面

仅有宿主程序还不够，还需要从二次开发者的角度分析宿主程序是否能够与二次开发者保持良好的关系。这里涉及宿主程序存在的形式问题。宿主程序是框架的一部分，希望二次开发者继承宿主程序后可以快速构建一个自己的主程序，在此基础上扩展功能，然后把宿主程序的关键控件的访问权限设置成 protected。另外，宿主程序还需要一个配置文件，可配置二次开发者关心的参数，如标题、版本号、公司名称等。

经过上述解释，我们对宿主程序有了一个清晰的认识。界面的骨架已经搭建出来，在后期的开发过程序中从细节着手，可以逐步实现这些功能。但是，这样一个简单的界面需要很多类和模块的支撑，后面的章节会对模块进行详细说明。

2.2　通信机制设计

通信部分是软件的核心，软件框架决定了软件运行的稳定性及后续的扩展性，所以需要对通信机制、软件框架的控制方式进行良好的设计。

第 1 章已经对应用场景进行了介绍，软件框架在通信方面的应用有两种方式：主动请求和被动接收。

主动请求通信方式又称为呼叫应答方式或主从方式。也就是说，主动权在软件框架端，只有软件框架主动发送请求命令，从机（硬件设备、传感器等）接收命令后检验数据的完整性，确定是不是发给自己的命令，校验成功后，返回指定的数据信息，完成一次完整的链路通信。这种通信方式的工作原理如图 2-9 所示。

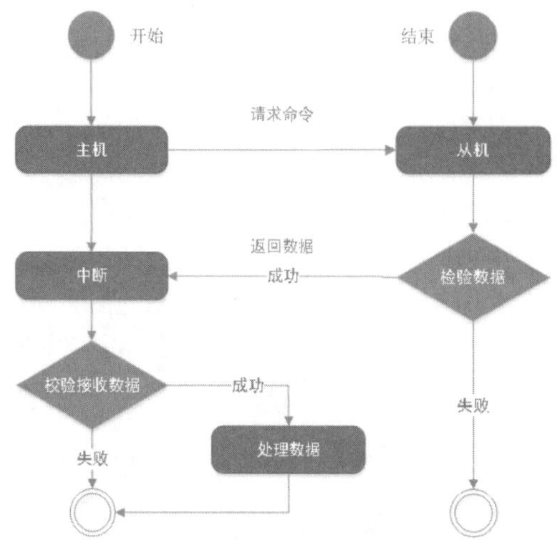

图2-9 主动请求通信方式的工作原理

被动接收通信方式是软件框架实时监测 IO 通道，只要有数据信息就会提取出来进行数据校验，检验成功后，分析、处理、保存数据信息。例如，设备、传感器等定时发送状态数据。这种通信方式的工作原理如图 2-10 所示。

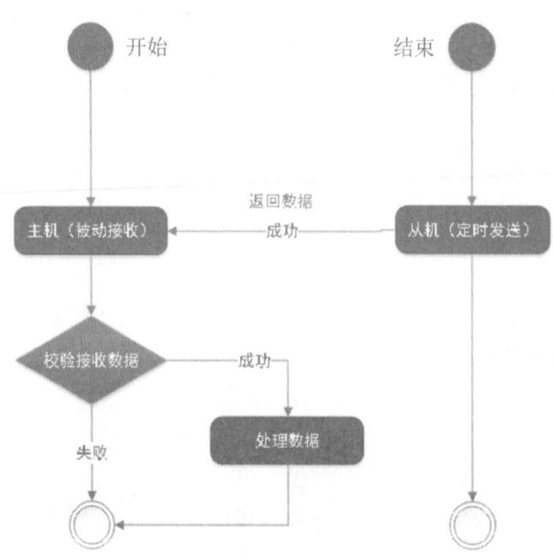

图2-10 被动接收通信方式的工作原理

在复杂的应用场景中，这两种通信方式有可能同时存在，此类情况一般是采用以太网链路进行通信，只有外接串口的设备可以通过以太网转换模块来接入。

2.2.1 串口通信机制

由于串口通信的特性限制，为避免多个硬件设备连接到串口总线时出现数据混乱现象，一般采用轮询模式的呼叫应答通信机制。

当有多个设备连接到通信平台时，通信平台会轮询调度设备执行通信任务。某一时刻只能有一个设备发送请求命令、等待接收返回数据，这个设备完成发送、接收（如果遇到超时情况，则自动返回）数据的操作后，下一个设备才能执行通信任务，依次轮询设备，如图 2-11 所示。

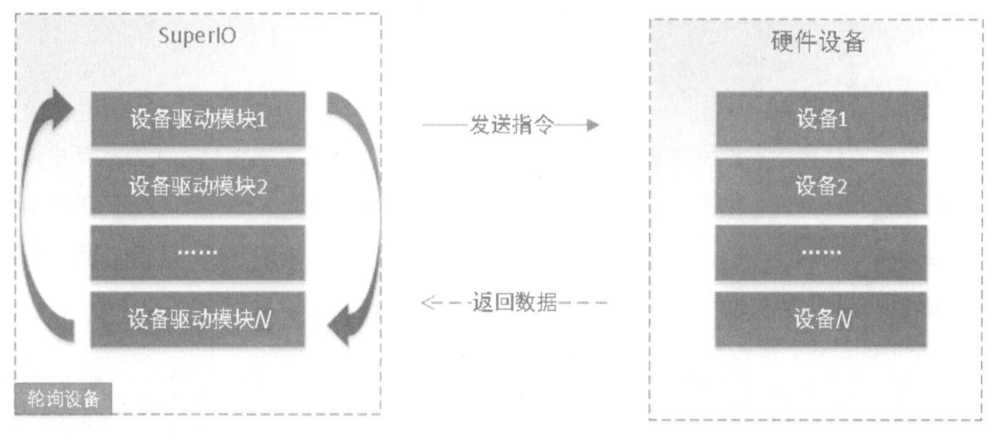

图2-11　轮询通信

2.2.2 网络通信机制

轮询通信机制可以保证数据有序地发送、接收，避免并发数据在串口总线上出现混乱，但是这种通信机制是以降低性能为代价的，只适用于串口通信。

以太网是独立信道，可以全双工通信。为了充分发挥以太网的优势，在轮询通信机制的基础上增加了并发通信模式、自控通信模式，这样做的目的一是提高通信的性能，二是二次开发时有更多自主控制权。

三种通信模式具体介绍如下。

1. 轮询通信模式

以太网轮询通信模式与串口通信模式一致，如图 2-12 所示。

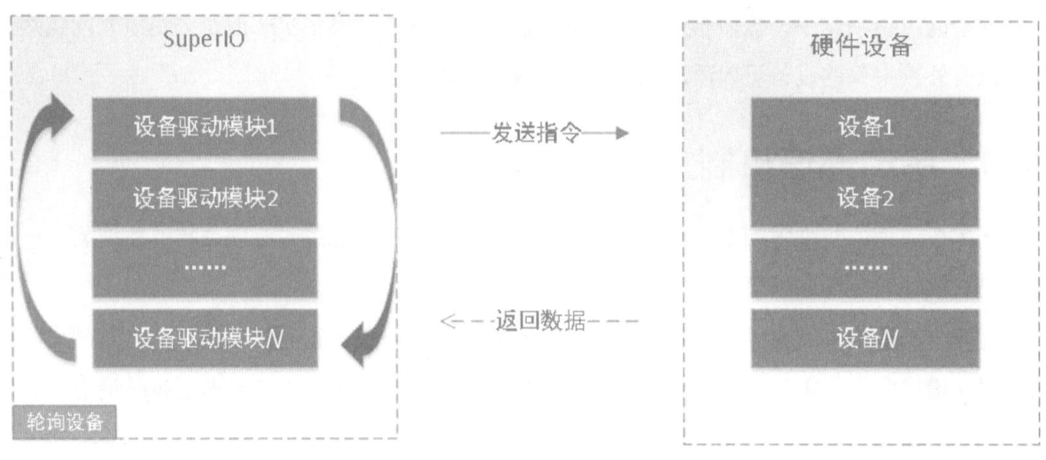

图2-12　轮询通信模式

2. 并发通信模式

并发通信模式是集中发送所有设备的请求指令，现在的框架是采用循环同步方式集中发送请求命令，也有其他实现方式，如采用并行异步方式集中发送请求命令。并发通信模式的工作流程是硬件设备接收到指令后进行校验，校验成功后返回对应指令的数据，通信平台异步监听到数据信息后进行接收操作，然后再进行数据的分发、处理等，如图 2-13 所示。

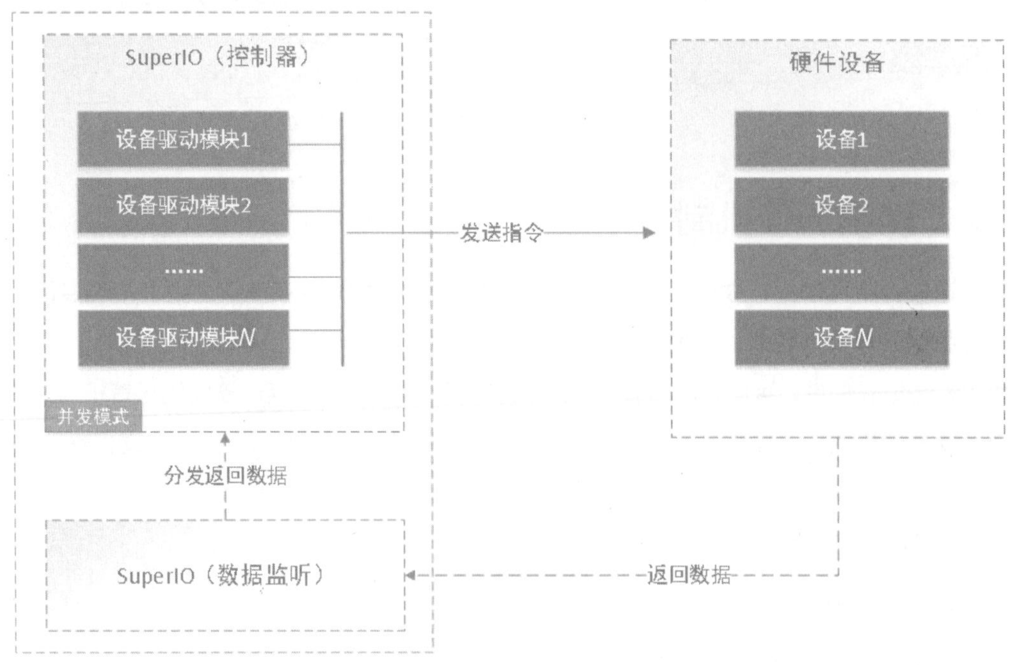

图2-13　并发通信模式

3. 自控通信模式

自控通信模式与并发通信模式类似，区别在于，自控通信模式是发送指令给设备本身进行控制，或者说给二次开发者，二次开发者可以通过时钟定时用事件驱动的方式发送指令数据。硬件设备接收到指令后进行校验，校验成功后返回对应指令的数据，通信平台异步监听到数据信息后进行接收操作，然后再进行数据的分发、处理。

自控通信模式可以为二次开发者提供精确的定时请求实时数据机制，使通信机制更灵活、更自主，如图 2-14 所示。

并发通信模式和自控通信模式都可被动接收数据，应用场景更加灵活，使软件框架和硬件设备的开发工作更自由。

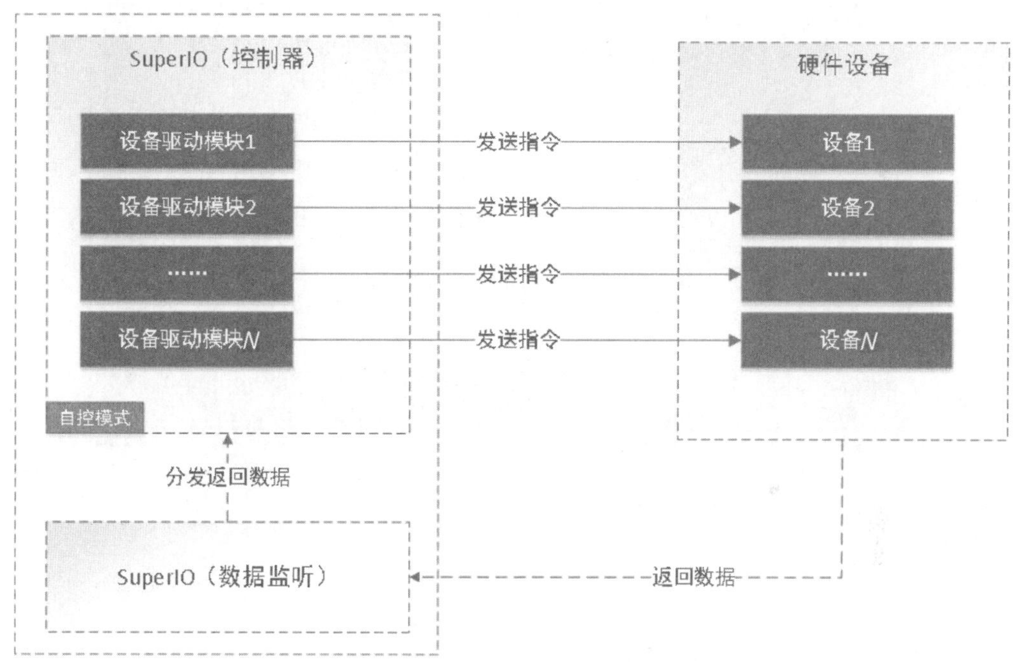

图2-14　自控通信模式

2.3 框架层次示意

总体框架包括 4 个方面：IO 管理、设备管理、控制器管理和组件管理，如图 2-15 所示。

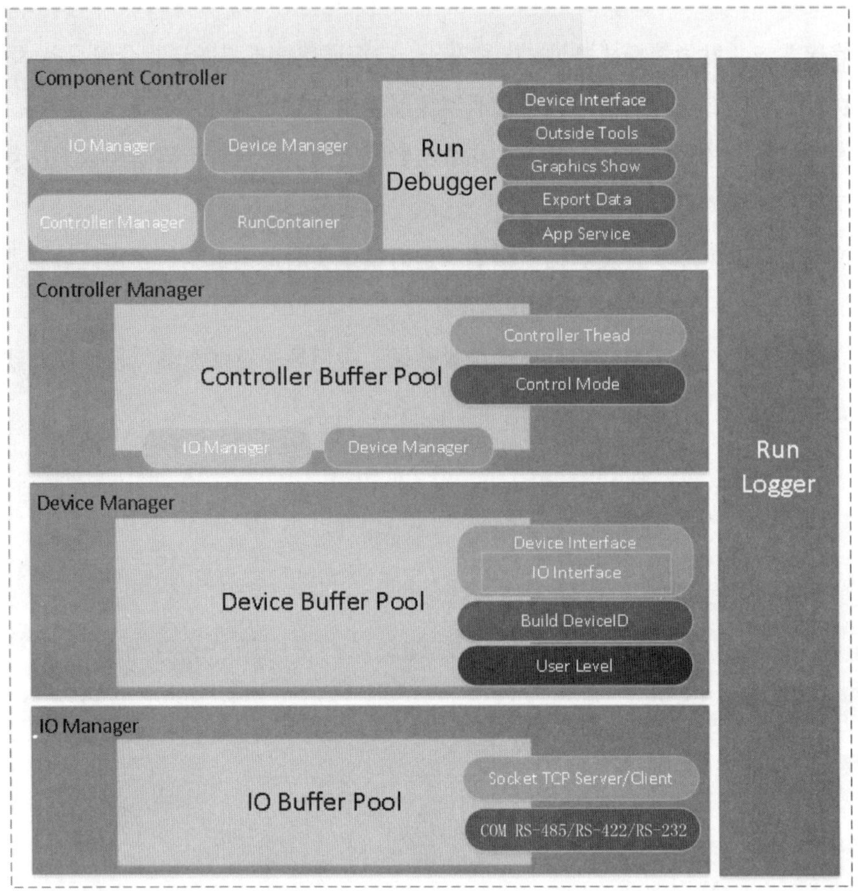

图2-15　框架层次示意

2.4 模型对象示意框架

模型对象示意框架大致表示了框架内部的基本结构，如图 2-16 所示。

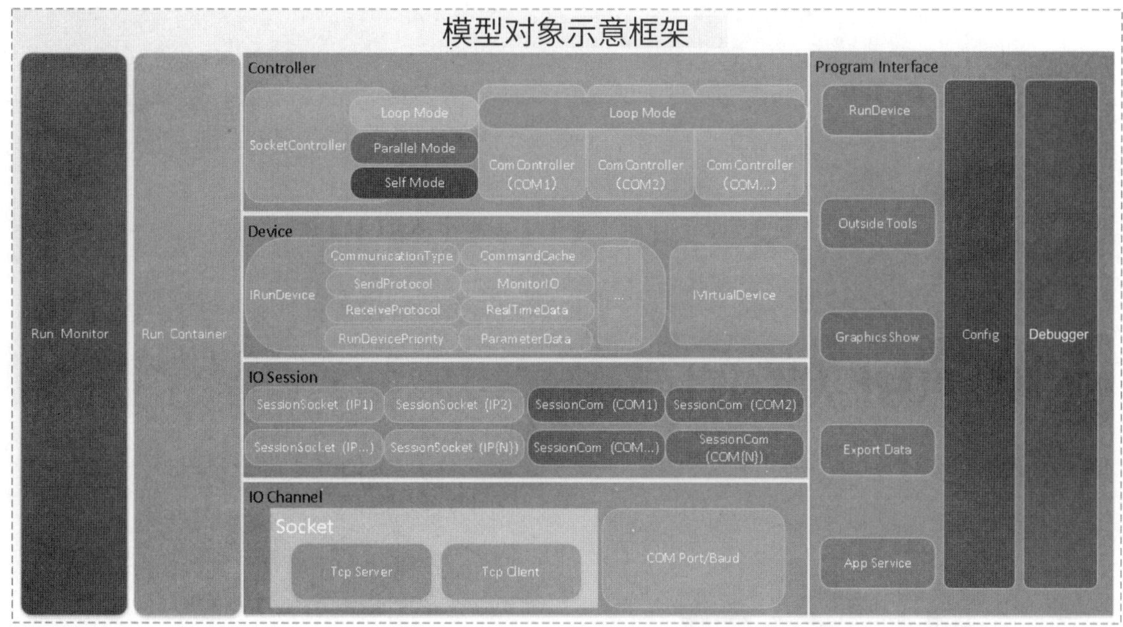

图2-16　框架对象示意框架

第3章 CHAPTER 3

设备驱动的设计

设备驱动的设计不涉及复杂的技术应用，但是包括的内容比较多，关键是要考虑根据应用场景赋予设备驱动什么样的功能、特性、属性等。设备驱动接口一开始的设计中没有这么多内容，但会在应用过程中根据应用场景的需要而增加新的东西。所以说设计框架并不困难，重要的是把握大方向后逐渐完善细节。单一的技术都很简单，但是把众多简单的技术组装在一起就很有难度了。简单技术的不同组合，在不同的场景应用，效果也不一样。

接口可以把所需要的成员组合起来，封装成具有一定功能的集合。可以把它理解为一个模板，其中定义了一类对象的公共部分的动作、特性、反应等，分别对应面向对象编程中的方法、属性、事件等概念。抽象类或实体类可以继承接口完成对方法、属性和事件的特定响应，对事物进行具体的规范和多态的表述。

框架的设备驱动接口（IRunDevice）是软件框架与设备驱动之间的交互规范，是加载设备驱动（插件）的唯一入口，保证设备驱动能够在软件框架友好、稳定地运行。

IRunDevice 有两个抽象类：RunDevice 和 RunDevice1，如图 3-1 所示。

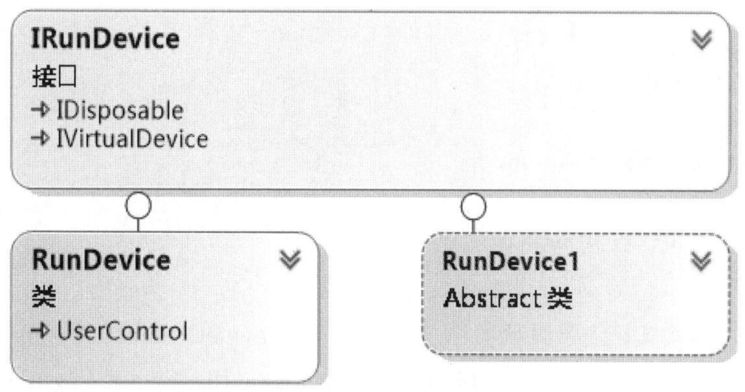

图3-1　IRunDevice的两个抽象类

RunDevice 和 RunDevice1 被定义为抽象类，是因为抽象类也是“接口”形式的一种，针对接口实现了设备驱动的方法、属性和事件，把必须实现的接口规定为抽象方法，把不是必须实现的扩展性接口规定为虚方法。软件框架只负责对外提供必要的接口，否则就破坏了框架本身的通用性。

所有的设备驱动（插件）可以继承这两个抽象类进行二次开发，特殊情况的设备驱动（插件）可以直接继承接口进行二次开发，但是不建议这样做，因为这需要二次开发者有较高的技术水平，能灵活掌握框架。

RunDevice 是早期设计的抽象类，它本质上是一个自定义控件，起初的想法是把设备驱动插件设计成一个可显示的 UI，可以在设备容器中随意拖动，并且设置相关的属性信息。但是，这会涉及一个问题，即可显示的自定义控件同时又是抽象类，那么在设计时将无法手动编辑 UI 界面，只能通过代码实现 UI 显示布局及内容，那么就失去了二次开发的快捷性、方便性。所以，RunDevice 在代码上分成了 Debug 和 Release 两种模块，Debug 用于开发、编辑模式，Release 用于发布模式，具体如下。

```
// 调试模式和发布模式下设备基类驱动有所不同，发布模式下是一个抽象类
#if DEBUG
    public partial class RunDevice
#else
```

```
    public abstract partial class RunDevice
#endif
 : UserControl, IRunDevice
    {
   // 属性、事件、方法
   }
```

即使这样也很不方便，所以就有了 RunDevice1 纯抽象类，把视图部分单独抽象出来一个接口，作为 IRunDevice 接口的属性。在框架中增加了一个 IDeviceGraphics 视图接口，代码如下。

```
/// <summary>
/// 设备驱动的视图展示部分的接口
/// </summary>
public interface IDeviceGraphics
{
        Control DeviceGraphics { get; set; }
}
```

RunDevice1 抽象类实际上是继承了 IRunDevice 和 IDeviceGraphics 两个接口。

尽管 IDeviceGraphics 视图接口在框架内部并没有直接使用，但是在二次开发显示视图时会用到。另外，IDeviceGraphics 视图接口具备继续扩展的余地，可以开发一个 UI 驱动管理器，专门进行 UI 布局、数据显示、属性设置及通过箭头对数据流向进行动态设置等操作。

原则上，在二次开发过程中继承 RunDevice1 抽象类完成设备驱动的开发，RunDevice 不再继续提供接口服务。现在都是通过 RunDevice1 接口来完成驱动开发，具体接口定义见附录。

3.1 初始化设备

设备初始化通过 InitDevice(Int Devid) 接口来完成，当设备驱动以插件的方式加载到框架时，首先会调用该接口，对设备进行初始化及加载参数和初始数据。

这里可以将序列化文件、数据库、配置文件等作为数据源进行设备初始化，代码如下。

```
/// <summary>
/// 初始化设备
/// </summary>
/// <param name="obj"></param>
public virtual void Initialize(object obj)
```

```
{
    if (this.Protocol != null)
    {
// 初始化设备的协议驱动
        this.Protocol.InitDriver(this.GetType(),null,this.DeviceParameter);
    }
    // 初始化设备的通道和通信状态
    this.DeviceDynamic.ChannelState = ChannelState.Close;
    this.DeviceDynamic.CommunicateState = CommunicateState.Interrupt;
}
```

框架默认支持以 XML 序列化的方式进行设备初始化。

3.2 设备驱动（插件）接口设计

运行设备接口保证设备驱动能够在框架中运行，通过同步 RunIODevice 和异步 AsyncRunIODevice 两个接口函数来完成，这两个接口函数分别包括一个构造函数，代码如下。

```
/// <summary>
/// 同步和异步运行设备驱动的接口
/// </summary>
public interface IRunDevice
{
        /// <summary>
        /// 同步运行设备（IO）
        /// </summary>
        /// <param name="io">io 实例对象 </param>
        void RunIODevice(IIOChannel io);

        /// <summary>
        /// 异步运行设备（IO）
        /// </summary>
        /// <param name="io">io 实例对象 </param>
        void AsyncRunIODevice(IIOChannel io);

        //-----------------------------------------------//

        /// <summary>
        /// 同步运行设备（byte[]）
        /// </summary>
```

```
        /// <param name="revData">接收到的数据</param>
        void RunIODevice(byte[] revData);

        /// <summary>
        /// 异步运行设备（byte[]）
        /// </summary>
        /// <param name="revData">接收到的数据</param>
        void AsyncRunIODevice(byte[] revData);
    }
```

如果从参数角度分类，那么运行设备接口可分为两类：IO 参数和 byte[] 参数。IO 参数类型的接口在运行设备的过程中会把实例化后的 IO 对象传递进来，满足二次开发者自定义发送、接收数据的需要。byte[] 参数类型的接口是把已经接收到的数据信息传递进来，在并发模式通信和自控模式通信的异步接收后调用此类接口函数。

RunIODevice 和 AsyncRunIODevice 接口函数已经在框架中实现了流程化，不过它们都是虚函数。以同步调用设备驱动的流程为例，代码如下。

```
/// <summary>
/// 运行设备接口，通信控制器调用该接口，可重写
/// </summary>
/// <param name="io"></param>
public virtual void RunIODevice(IIOChannel io)
{
            //不运行设备
            if (!this._IsRunDevice)
            {
                GeneralLog.WriteLog("IsRunDevice=F", "RunDevice");
                return;
            }
            //已经注册的设备
            if (this.IsRegLicense)
            {
                if (io == null)
                {
                    //未知IO操作
                    this.UnknownIO();

                    if (this.DeviceRealTimeData.IOState != IOState.None)
                    {
                        this.DeviceRealTimeData.IOState = IOState.None;
                        this.CommunicateChanged(IOState.None);
                    }
                }
                else
```

```
          {
              //-------------------- 获得发送数据命令 --------------------//
              byte[] data = this.GetSendBytes();

              if (data != null && data.Length > 0)
              {
                  //------------------- 发送数据 ---------------------------
//

                  this.Send(io, data);
                  this.ShowMonitorIOData(data, " 发送 ");
                  this.SaveBytes(data, " 发送 ");
              }

              //--------------------- 读取数据 -------------------------//
              byte[] revdata = this.Receive(io);
              this.ShowMonitorIOData(revdata, " 接收 ");
              this.SaveBytes(revdata, " 接收 ");

              //--------------------- 检测通信状态 ---------------------//
              IOState state = this.CheckIOState(revdata);
              if (this.DeviceRealTimeData.IOState != state)
              {
                  this.DeviceRealTimeData.IOState = state;
                  this.CommunicateChanged(state);
              }
              if (state == IOState.Communicate)
              {
                  // 通信正常
                  this.DealData(revdata);
              }
              else if (state == IOState.Interrupt)
              {
                  // 通信中断
                  this.CommunicateInterrupt();
              }
              else if (state == IOState.Error)
              {
                  // 通信干扰或错误
                  this.CommunicateError();
              }
              else
              {
                  // 通信未知状态
                  this.CommunicateNone();
              }
```

```
            }
            //保存数据
            this.SaveData();
            //报警提示信息
            this.Alert();
        }
        else
        {
            //未注册设备
            this.UnRegDevice();
            if (this.DeviceRealTimeData.IOState != IOState.None)
            {
                this.DeviceRealTimeData.IOState = IOState.None;
            }
            System.Threading.Thread.Sleep(1000);
        }
        //展示数据
        this.ShowData();
}
```

二次开发者可以重写这几个接口函数，改变数据处理的流程。但是不建议这样操作，因为这样会破坏框架事务的处理流程。

3.3 虚拟设备驱动（插件）接口设计

虚拟设备主要是为了整合同类设备的数据信息，例如，设备 A 和设备 B 是同类设备，数据信息也一样，这样就可以开发一个虚拟设备对这两个设备的数据进行二次处理，以满足特殊功能的业务要求。软件框架把其他设备处理后的数据通过虚拟设备接口完成业务调度，虚拟设备接口很简单，运行代码如下。

```
/// <summary>
/// 虚拟设备接口，主要负责处理多个设备驱动的数据及进行交互
/// </summary>
public interface IVirtualDevice
{
        /// <summary>
        /// 运行虚拟设备
        /// </summary>
        /// <param name="devid">设备 ID</param>
```

```
        /// <param name="obj">数据对象</param>
        void RunVirtualDevice(int devid,object obj);
}
```

RunDevice1 抽象类实际上也继承了这个虚拟设备接口在框架内部共享的一个引用地址空间。也就是说，继承 RunDevice1 接口的设备驱动同时也具备虚拟设备的功能。继承关系如图 3-2 所示。

虚拟设备与普通设备可以通过设备类型来区分，如果把设备类型设置为 Virtual，那么就会标识此设备为虚拟设备，可以对此设备设置处理公式。非虚拟设备的数据通过运行虚拟设备接口函数传递进来，目标对象数据完全由二次开发者自定义，可以是对象类，也可以是字符串，还可以是数值。虚拟设备参数设置如图 3-3 所示。

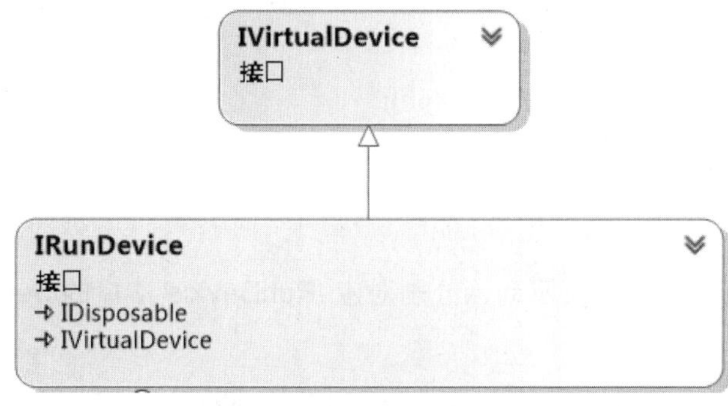

图3-2　虚拟设备接口继承关系

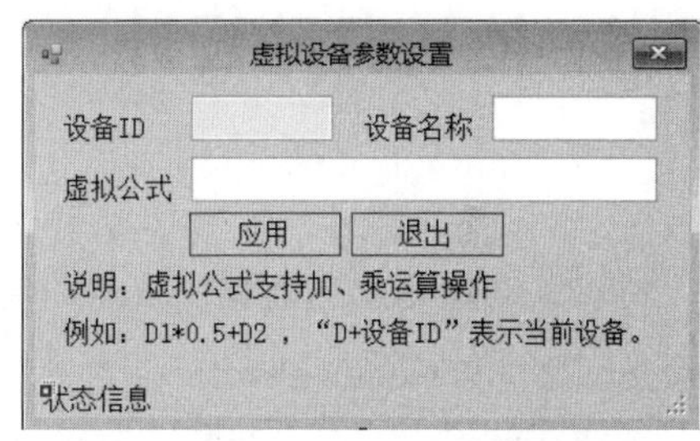

图3-3　虚拟设备参数设置

虚拟设备在一般情况下不是经常用到，但是在一些特殊情况下可以实现特定的功能，如当设备驱动的数据对象改变时会调用虚拟设备函数接口，代码如下。

```
/// <summary>
/// 设备驱动数据对象改变事件接口
/// </summary>
private void DeviceObjectChangedHandler(object source, DeviceObjectChangedArgs e)
{
    try
    {
        //检测当前设备是否为虚拟设备，如果不是，则调用虚拟设备驱动接口
        if (e.DeviceType != DeviceType.Virtual)
        {
            //获得虚拟设备
            IRunDevice[] vdevList = this._devList.GetDevices(Device.DeviceType.
Virtual);
            for (int i = 0; i < vdevList.Length; i++)
            {
                //运行虚拟设备
                vdevList[i].RunVirtualDevice(e.DeviceID, e.Object);
            }
```

```
            }
        }
        catch (Exception ex)
        {
            DeviceMonitorLog.WriteLog(ex.Message);
            GeneralLog.WriteLog(ex);
        }
    }
```

当设备驱动的数据对象改变时，数据对象可以自定义，在二次开发过程中触发上述代码中的接口事件，把数据对象传递给 RunVirtualDevice 虚拟函数。

3.4 协议驱动设计

协议驱动包括发送数据协议驱动和接收数据协议驱动，分别对应 IRunDevice 接口的 SendProtocol 属性和 ReceiveProtocol 属性。

发送数据协议驱动主要负责把数据信息打包成 byte[]，以便通过 IO 通道进行发送。发送数据协议驱动主要包括 ISendCommandDriver 接口和 ISendProtocol 接口，它们的继承关系如图 3-4 所示。

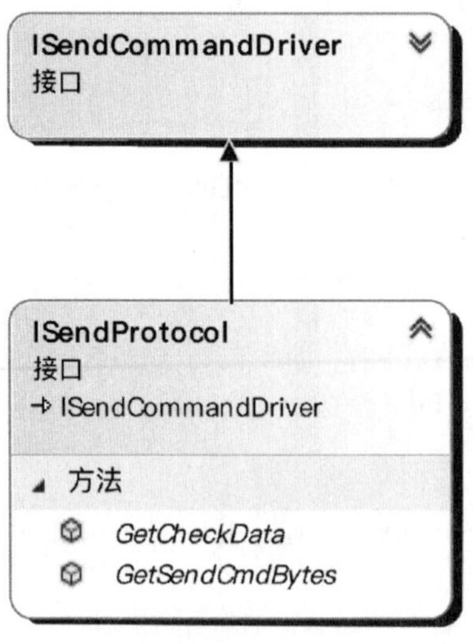

图3-4　驱动接口继承关系

ISendCommandDriver 接口主要定义了命令函数和驱动函数，根据输入的命令字节和辅助信息调用不同的命令函数，并把数据打包成 byte[]。接口代码如下。

```
/// <summary>
/// 这是命令驱动器，根据发送的不同命令调用相应的函数
/// </summary>
public interface ISendCommandDriver
{
    /// <summary>
    /// 调用 Function00-FunctionFF 函数
    /// </summary>
    /// <param name="devaddr">设备地址</param>
    /// <param name="funNum">调用函数的命令字节长度</param>
    /// <param name="cmd">命令字节数组</param>
    /// <param name="obj">操作的对象</param>
    /// <returns></returns>
    byte[] DriverFunction(int devaddr,byte funNum,byte[] cmd,object obj);

    /// <summary>
    /// 根据发送的不同命令调用不同的函数
    /// </summary>
    /// <param name="devaddr">设备地址</param>
    /// <param name="cmd">发送的命令，升序地址为 0 的命令字节是主发送命令，其他的为
    命令参数</param>
    /// <param name="obj">输入要操作的对象，用不到的情况可以为 NULL</param>
    /// <returns>发送的字节数组</returns>
    byte[] Function00(int devaddr, byte[] cmd, object obj);
    byte[] Function01(int devaddr, byte[] cmd, object obj);

      ......

      byte[] FunctionFF(int devaddr, byte[] cmd, object obj);
   byte[] FunctionNone(int devaddr, byte[] cmd, object obj);
}
```

ISendProtocol 接口定义了校验数据和获得要发送数据的接口，是设备驱动最终发送数据要使用的接口。接口代码如下。

```
/// <summary>
/// 发送数据协议接口，定义了数据校验、数据打包等操作
/// </summary>
public interface ISendProtocol:ISendCommandDriver
{
    /// <summary>
    /// 获得协议字节数组的校验和
    /// </summary>
    /// <param name="data">输入数据</param>
```

```
        /// <returns></returns>
        byte[] GetCheckData(byte[] data);

        /// <summary>
        /// 获得发送数据命令
        /// </summary>
        /// <param name="addr">设备地址</param>
        /// <param name="cmd">命令集合</param>
        /// <param name="obj">操作对象</param>
        ///  <param name="isbox">是否通信箱通信</param>
        /// <returns>返回要发送的命令</returns>
        byte[] GetSendCmdBytes(int addr, byte[] cmd, object obj, bool isbox);
    }
```

接收数据协议驱动主要负责对 byte[] 数据进行数据解析，以便后续业务的数据处理。接收数据协议驱动主要包括 IReceiveCommandDriver 接口和 IReceiveProtocol 接口，它们的继承关系如图 3-5 所示。

IReceiveCommandDriver 与 ISendCommandDriver 类似，主要定义了命令函数和驱动函数，根据输入的 byte[] 数据调用相应的命令函数，并且自定义把 byte[] 解析成需要的数据信息。接口代码如下。

```
    /// <summary>
    /// 这是命令驱动器，根据返回的不同命令调用相应的函数
    /// </summary>
    public interface IReceiveCommandDriver
    {
            /// <summary>
            /// 这是命令驱动的入口，根据输入的不同命令调用不同的函数
            /// </summary>
            /// <param name=" funNum" >输入解析的命令（0x00-0xff）</param>
            /// <param name=" data" ></param>
            /// <returns></returns>
            object DriverFunction(byte funNum, byte[] data, object obj);

            /// <summary>
            /// 不同的命令字节对应不同的函数
            /// </summary>
            /// <param name=" data" >输入接收的数据</param>
            /// <returns>返回解析的类实例，用户能自定义该函数的具体操作</returns>
            object Function00(byte[] data, object obj);
            object Function01(byte[] data, object obj);

              ......
```

```
        object FunctionFF(byte[] data, object obj);
        object FunctionNone(byte[] data, object obj);
}
```

图3-5　接收数据协议驱动接口继承关系

IReceiveProtocol 主要定义解析 byte[] 数据的各部分接口函数，是设备驱动最终要使用的接口。接口代码如下。

```
/// <summary>
/// 接收数据处理协议接口，定义了接收数据的开头、结果、地址、状态等
/// </summary>
public interface IReceiveProtocol :IReceiveCommandDriver
{
        /// <summary>
        /// 解析当前接收到的数据，此函数已重写，用到了 ICommandDriver 函数的 DriverFunction 函数
        /// </summary>
        /// <param name="data"> 输入接收的数据 </param>
        /// <param name="obj"> 输入其他辅助参数 </param>
        /// <param name="analysistype"> 协议解析的具体方式，如果开发者重写该函数，可以用到该参数 </param>
        /// <returns> 返回具体的对象 </returns>
```

```
object GetAnalysisData(byte[] data, object obj, int analysistype);

/// <summary>
/// 数据校验
/// </summary>
/// <param name="data">输入接收的数据</param>
/// <returns>true:校验成功 false:校验失败</returns>
bool CheckData(byte[] data);

/// <summary>
/// 获得协议字节数组中的命令
/// </summary>
/// <param name="data">输入接收的数据</param>
/// <returns>返回命令集合</returns>
byte[] GetCommand(byte[] data);

/// <summary>
/// 获得该设备的地址
/// </summary>
/// <param name="data">输入接收的数据</param>
/// <returns>返回地址</returns>
int GetAddress(byte[] data);

/// <summary>
/// 协议头
/// </summary>
/// <param name="data"></param>
/// <returns></returns>
byte[] GetProHead(byte[] data);

/// <summary>
/// 协议尾
/// </summary>
/// <param name="data"></param>
/// <returns></returns>
byte[] GetProEnd(byte[] data);

/// <summary>
/// 状态
/// </summary>
/// <param name="data"></param>
/// <returns></returns>
object GetState(byte[] data);

/// <summary>
```

```
        /// 根据协议头和协议尾匹配接收数据中有效的字节数组
        /// </summary>
        /// <param name="data">接收到的数据 </param>
        /// <param name=" sbytes" >协议头 </param>
        /// <param name=" ebytes" >协议尾 </param>
        /// <returns></returns>
        byte[] FindAvailableBytes(byte[] data);// byte[] sbytes, byte[] ebytes

        /// <summary>
        /// 协议头
        /// </summary>
        byte[] ProHead { set;get; }

        /// <summary>
        /// 协议尾
        /// </summary>
        byte[] ProEnd { set;get;}
        //------------------------------------------------------------------------
---//
}
```

发送数据协议驱动和接收数据协议驱动设计得比较简单且容易理解，但是驱动各命令函数的代码使用多个 if…else 实现，显得笨拙且效率不高。

现将协议驱动改为使用命令设计模式与插件加载的方式，这种方式包括 3 部分：命令接口、协议驱动器、命令实体类。

命令接口规定了协议驱动器在调用命令时的属性和动作。所有命令类型都必须继承自命令接口，命令接口定义代码如下。

```
/// <summary>
/// 协议改进后，可以通过定义命令接口的方式定义命令和执行等操作
/// </summary>
public interface ICommand
{
        /// <summary>
        /// 命令标识
        /// </summary>
        byte Command { get; }

        /// <summary>
        /// 执行命令
        /// </summary>
        /// <param name="para">输入的参数 </param>
        /// <returns>对象数据 </returns>
        object Excute(object para);
```

```
}
```

协议驱动器负责以插件的方式加载程序集中的命令，根据命令名称驱动不同的命令并作出响应，协议驱动器的代码如下。

```
/// <summary>
/// 协议改进后，可以先定义协议驱动类，缓存命令
/// </summary>
public class ProtocolDriver
{
/// <summary>
/// 命令缓存
/// </summary>
        private List<ICommand> _cmdCache;

        /// <summary>
        /// 构造函数，初始化命令缓存
        /// </summary>
        public ProtocolDriver()
        {
            _cmdCache=new List<ICommand>();
        }

        /// <summary>
        /// 析构函数，释放资源
        /// </summary>
        ~ProtocolDriver()
        {
            if(_cmdCache.Count>0)
                _cmdCache.Clear();

            _cmdCache = null;
        }

        /// <summary>
        /// 初始化命令并加载到缓存，第一次运行会慢些，但是后续的执行效率很高
        /// </summary>
        public void InitDriver()
        {
            //获得当前正在执行的程序集实例
            Assembly asm = Assembly.GetExecutingAssembly();
            //获得当前程序集所有反射的实例类型
            Type[] types = asm.GetTypes();
            foreach (Type t in types)
            {
                //判断当前反射的实例对象是否继承自ICommand接口
```

```
                if (typeof(ICommand).IsAssignableFrom(t))
                {
                    //除接口外
                    if (t.Name != "ICommand")
                    {
                        //动态创建命令实例
                        ICommand cmd =(ICommand)t.Assembly.CreateInstance(t.
FullName);
                        _cmdCache.Add(cmd);
                    }
                }
            }
        }

        /// <summary>
        /// 根据命令字节驱动不同的命令
        /// </summary>
        /// <param name="cmdByte"></param>
        /// <returns>返回对象实例</returns>
        public object DriverCommand(byte cmdByte)
        {
            //判断命令缓存是否存在的命令实例
            ICommand cmd = _cmdCache.FirstOrDefault(c => c.Command == cmdByte);
            if (cmd != null)
                return cmd.Excute(null);
            else
                return null;
        }
    }
```

每个命令实体类都继承自 ICommand 接口，要实现该接口，就要先实现两个自定义命令实体类：CommandA 和 CommandB。代码如下。

```
    /// <summary>
    /// 自定义 CommandA
    /// </summary>
    public class CommandA:ICommand
    {
        public byte Command
        {
            get { return 0x0a; }
        }

        public object Excute(object para)
        {
            return "CommandA";
```

```
        }
}

/// <summary>
/// 自定义 CommandB
/// </summary>
public class CommandB:ICommand
{
        public byte Command
        {
            get { return 0x0b; }
        }

        public object Excute(object para)
        {
            return "CommandB";
        }
}
```

接下来写一段测试代码，对协议驱动器进行测试，代码如下。

```
// 先创建协议驱动器的实例
ProtocolDriver driver=new ProtocolDriver();
// 初始化当前命令驱动，加载 CommandA 和 CommandB
driver.InitDriver();
// 驱动调用 CommandA 和 CommandB 实例，并输出结果
Console.WriteLine(driver.DriverCommand(0x0a));
Console.WriteLine(driver.DriverCommand(0x0b));
Console.Read();
```

最后的测试结果如图 3-6 所示。

图3-6　协议驱动器改进效果

这是一个改进后的协议驱动器，发送数据协议驱动和接收数据协议驱动都可以改进，大家在设计这部分的时候可以进行参考。

当然，也可以通过配置文件的方式来开发一个协议驱动器，有兴趣的读者可以研究一下。

3.5 命令缓存设计

IRunDevice 接口中的 CommandCache 属性是一个命令缓存器，可以把设备要发送的命令数据临时存储在命令缓存中，软件框架会通过调用 GetSendBytes 接口函数来提取命令缓存器中的命令数据，发送成功后会从缓存器中删除该命令数据；如果命令缓存器不存在任何命令数据，那么会调用 GetRealTimeCommand 接口函数来获得默认的命令数据，代码如下。

```
/// <summary>
/// 获得发送字节数组
/// </summary>
/// <returns></returns>
public byte[] GetSendBytes()
{
        byte[] data = new byte[] { };
        //如果没有命令就增加实时数据的命令
        if (this.CommandCache.Count <= 0)
        {
           //获得当前设备驱动实时发送的命令
           data = this.GetRealTimeCommand();
           //设置当前设备驱动优先调用级别为普通
           this.RunDevicePriority = RunDevicePriority.Normal;
        }
        else
        {
           //获得命令缓存要发送的命令数据
           data = this.CommandCache.GetCacheCommand();
           //设置当前设备驱动优先调用级别为高级
           this.RunDevicePriority = RunDevicePriority.Priority;
        }
        return data;
}
```

命令缓存器主要包括两部分：命令对象和命令缓存。命令对象是一个实体类，主要是对关键字、命令字节数组和优先级属性进行封装。命令缓存在获得命令对象时会对优先级进行判断，以便优先发送命令级别高的数据信息。命令对象代码如下。

```
/// <summary>
/// 命令接口，定义关键字、命令字节数组和优先级属性
/// </summary>
public interface ICommand
{
         /// <summary>
```

```
        /// 命令
        /// </summary>
        byte[] CmdBytes { get; }

        /// <summary>
        /// 命令名称
        /// </summary>
        string CmdKey { get; }

        /// <summary>
        /// 发送优先级
        /// </summary>
        CommandPriority Priority { get; }
}
```

命令缓存用于对命令对象进行管理，涉及增加、获得、删除命令对象等操作，其中包括读写互斥锁的应用，完整代码如下。

```
/// <summary>
/// 线程安全的轻量泛型类提供了从一组键到一组值的映射
/// </summary>
/// <typeparam name="TKey">字典中的键的类型</typeparam>
/// <typeparam name="TValue">字典中的值的类型</typeparam>
public class CommandCache
{
        #region Fields
        /// <summary>
        /// 内部的字典容器
        /// </summary>
        private List<Command> _CmdCache = new List<Command>();

        /// <summary>
        /// 用于并发同步访问的 RW 锁对象
        /// </summary>
        private ReaderWriterLock rwLock = new ReaderWriterLock();

        /// <summary>
        /// 时间间隔，用于指定超时时间
        /// </summary>
        private readonly TimeSpan lockTimeOut = TimeSpan.FromMilliseconds(100);
        #endregion

        #region Methods
        /// <summary>
        /// 将指定的键和值添加到字典中
        /// </summary>
```

```
        /// <param name=" cmdkey "> 要添加的元素的键 </param>
        /// <param name="cmdbytes"> 添加的元素的值，字节数组 </param>
        public void Add(string cmdkey, byte[] cmdbytes)
        {
            this.Add(cmdkey, cmdbytes, CommandPriority.Normal);
        }

        /// <summary>
        /// 增加命令函数
        /// </summary>
/// <param name=" cmdkey "> 要添加的元素的键 </param>
        /// <param name="cmdbytes"> 添加的元素的值，字节数组 </param>
/// <param name=" priority"> 命令优先级别 </param>
        public void Add(string cmdkey, byte[] cmdbytes, CommandPriority priority)
        {
            // 获得写命令的互斥锁
            rwLock.AcquireWriterLock(lockTimeOut);
            try
            {
                Command cmd = new Command(cmdkey, cmdbytes,priority);
                this._CmdCache.Add(cmd);
            }
            finally
{
    // 释放写命令互斥锁
rwLock.ReleaseWriterLock();
}
        }

/// <summary>
        /// 增加命令函数
        /// </summary>
/// <param name=" cmd "> 命令对象实例 </param>
        public void Add(Command cmd)
        {
            rwLock.AcquireWriterLock(lockTimeOut);
            try
            {
                if (cmd == null) return;

                this._CmdCache.Add(cmd);
            }
            finally { rwLock.ReleaseWriterLock(); }
        }
```

```
/// <summary>
/// 删除命令
/// </summary>
/// <param name="cmdkey">命令关键字</param>
public void Remove(string cmdkey)
{
    rwLock.AcquireWriterLock(lockTimeOut);
    try
    {
        //遍历当前命令缓存集合
        for (int i = 0; i < this._CmdCache.Count; i++)
        {
            //比较删除的关键字与命令缓存集合中的命令是否一致
            if (String.Compare(this._CmdCache[i].CmdKey, cmdkey) == 0)
            {
                //删除命令缓存集合中的命令实例
                this._CmdCache.RemoveAt(i);
                break;
            }
        }
    }
    finally { rwLock.ReleaseWriterLock(); }
}

/// <summary>
/// 移除命令缓存集合中所有的键和值
/// </summary>
public void Clear()
{
    if (this._CmdCache.Count > 0)
    {
        rwLock.AcquireWriterLock(lockTimeOut);
        try
        {
            this._CmdCache.Clear();
        }
        finally { rwLock.ReleaseWriterLock(); }
    }
}

/// <summary>
/// 按优先级获得命令
/// </summary>
/// <param name="priority">优化级别</param>
/// <returns>命令的字节数组</returns>
private byte[] GetCacheCommand(CommandPriority priority)
```

```
        {
            if (this._CmdCache.Count <= 0) return new byte[] { };
            //获得读操作互斥锁
            rwLock.AcquireReaderLock(lockTimeOut);
            try
            {
                byte[] cmd = new byte[] { };
                if (priority == CommandPriority.Normal)
                {
                    //获得第0个元素的命令对象
                    cmd = this._CmdCache[0].CmdBytes;
                    this._CmdCache.RemoveAt(0);
                }
                else
                {
                    for (int i = 0; i < this._CmdCache.Count; i++)
                    {
                        //获得最高命令级别的命令对象
                        if (this._CmdCache[i].Priority==CommandPriority.High)
                        {
                            cmd = this._CmdCache[i].CmdBytes;
                            this._CmdCache.RemoveAt(i);
                            break;
                        }
                    }
                }
                return cmd;
            }
            finally
            {
//释放读操作互斥锁
                rwLock.ReleaseReaderLock();
            }
        }

        /// <summary>
        /// 顺序获得命令
        /// </summary>
        /// <returns></returns>
        public byte[] GetCacheCommand()
        {
            return GetCacheCommand(CommandPriority.Normal);
        }

/// <summary>
        /// 命令缓存集合的数量
```

```
        /// </summary>
        public int Count
        {
            get { return this._CmdCache.Count; }
        }
        #endregion
}
```

这里用到了 ReaderWriterLock 函数读写同步锁，用于同步对资源进行访问。在特定时刻，它允许多个线程同时进行读访问，或者允许单个线程进行写访问。ReaderWriterLock 函数所提供的吞吐量比一次只允许一个线程的锁（如 Monitor）更高。尽管我们对软件框架的性能要求并不太高，但是在设计的时候还是要保持一定的超前性。

3.6 数据持久化设计

软件框架中的数据持久化默认采用的是序列化和反序列化技术，主要针对参数数据和实时数据，方便进行扩展，适用于数据量不大的应用场景。但是，当软件异常退出或是计算机突然断电时，如果正在序列化数据，那么序列化文件有可能会被破坏；再次重新启动软件进行反序列化的时候，将会出现异常。

为了解决这个问题，软件框架从框架本身的稳定性和技术手段两方面进行了考虑，在反序列化时对序列化文件进行有效性验证，如果判断文件遭到了破坏，会调用 RepairSerialize 命令修复文件接口，对文件进行修复，代码如下。

```
/// <summary>
///序列化数据的接口
/// </summary>
public interface ISerializeOperation
{
        /// <summary>
        /// 保存序列化的文件路径
        /// </summary>
        string SaveSerializePath { get;}

        /// <summary>
        /// 保存序列化文件
        /// </summary>
        /// <typeparam name="T">序列化类型 </typeparam>
```

```
        /// <param name="t">序列化实例</param>
        void SaveSerialize<T>(T t);   //Serialize

        /// <summary>
        /// 获得序列化实例
        /// </summary>
        /// <typeparam name="T">序列化类型</typeparam>
        /// <returns>序列化实例</returns>
        T GetSerialize<T>();       //Deserialize

        /// <summary>
        /// 删除序列化文件
        /// </summary>
        void DeleteSerializeFile();

        /// <summary>
        /// 修复序列化文件
        /// </summary>
        /// <typeparam name="T">序列化类型</typeparam>
        /// <param name="devid">设备ID</param>
        /// <returns>序列化实例</returns>
        object RepairSerialize(int devid, int devaddr, string devname);
    }
```

数据持久化本质上就是一个接口和一个可序列化的抽象类，IRunDevice 的 DeviceRealTimeData（实时数据属性）和 DeviceParameter（参数数据属性）就是继承自 ISerializeOperation 接口。如果二次开发者想把数据存储在 SQLServer 或其他数据库，可以直接继承 ISerializeOperation 接口，在序列化 SaveSerialize 接口中写保存操作，在反序列化 GetSerialize 接口中写读取操作，而不是继承 SerializeOperation 抽象类，因为 SerializeOperation 只提供了序列化和反序列化 XML 文件的操作。

3.7 IO数据交互设计

IRunDevice 提供了读 IO 数据和写 IO 数据的接口函数，软件框架把 IO 对象实例传参给读、写接口函数，二次开发时可以重写这两个接口函数，完成对 IO 数据的复杂操作，如多次发送数据、循环读取数据等。接口函数定义代码如下。

```
    /// <summary>
```

```
/// 命令驱动接口发送和接收数据操作
/// </summary>
public interface IRunDevice
 {
 ......
        /// <summary>
        /// 发送 IO 数据接口
        /// </summary>
        /// <param name="senddata"></param>
        void Send(IIOChannel io, byte[] senddata);

        /// <summary>
        /// 读取 IO 数据接口
        /// </summary>
        /// <param name="io"></param>
        /// <returns></returns>
        byte[] Receive(IIOChannel io);
 ......
 }
```

IIOChannel 接口代表 IO 通道，串口 IO 和网络 IO 都继承自这个接口，完成各自的可实例化的操作类。继承关系如图 3-7 所示。

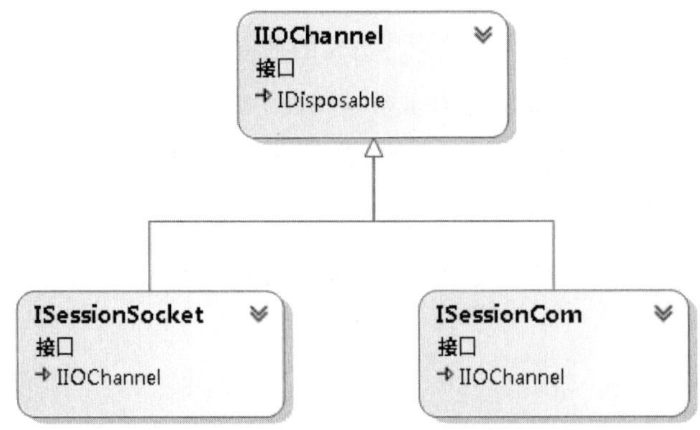

图3-7　IO接口继承关系

IIOChannel 接口主要是对串口操作和网络操作的抽象，方便从框架层面对 IO 进行统一操作，代码如下。

```
/// <summary>
///IO 操作的基类接口，继承了释放资源的 IDisposable 接口
/// </summary>
public interface IIOChannel:IDisposable
{
        /// <summary>
```

```
        /// 同步锁
        /// </summary>
        object SyncLock { get; }

        /// <summary>
        /// IO关键字
        /// </summary>
        string Key { get; }

        /// <summary>
        /// IO通道，可以是Com，也可以是Socket
        /// </summary>
        object IO{get;}

        /// <summary>
        /// 读IO
        /// </summary>
        /// <returns></returns>
        byte[] ReadIO();

        /// <summary>
        /// 写IO
        /// </summary>
        int WriteIO(byte[] data);

        /// <summary>
        /// 关闭
        /// </summary>
        void Close();

        /// <summary>
        /// IO类型
        /// </summary>
        CommunicationType IOType { get; }

        /// <summary>
        /// 是否被释放
        /// </summary>
        bool IsDisposed { get; }
    }
```

RunDevice1设备抽象类继承IRunDevice接口，很简单地实现了读IO数据和写IO数据的基本接口函数，代码如下。

```
    /// <summary>
    /// 发送数据接口，用于设备发送字节，可重写
```

```
/// </summary>
/// <param name="io">IO 通道 </param>
/// <param name="sendbytes"> 字节数组 </param>
public virtual void Send(SuperIO.CommunicateController.IIOChannel io, byte[]
sendbytes)
{
        // 发送 IO 数据
        io.WriteIO(sendbytes);
}

/// <summary>
/// 接收数据接口，用于接收字节，可重写
/// </summary>
/// <param name="io">IO 通道 </param>
/// <returns> 返回字节数组 </returns>
public virtual byte[] Receive(SuperIO.CommunicateController.IIOChannel io)
{
       // 读 IO 数据
       return io.ReadIO();
}
```

Send 和 Receive 是虚函数，可以重写它们完成自定义操作。设备驱动继承 SuperIO.Device.RunDevice1 抽象类，里边有一个虚函数 Send(IIOChannel io, byte[] sendbytes)，IO 参数为通信操作实例，sendbytes 参数为要发送的数据信息，可以重写这个接口函数，满足特殊的发送数据要求。代码如下。

```
/// <summary>
/// 自定义发送串口 IO 命令数据
/// </summary>
/// <param name="io">IO 操作实例 </param>
/// <param name="sendbytes"> 要发送数据的字节数组 </param>
/// <returns> 发送成功数据的数量 </returns>
public override int Send(IIOChannel io, byte[] sendbytes)
 {
           // 判断当前通信类型是否为串口
           if (this.CommunicationType == CommunicationType.COM)
           {
               byte[] addr = new byte[1];
               byte[] cmd = new byte[7];
               // 分别复制数据到两个字节数组
               Buffer.BlockCopy(sendbytes, 0, addr, 0, 1);
               Buffer.BlockCopy(sendbytes, 1, cmd, 0, 7);

               // 强制转换 IO 操作实例为串口对象
               ISessionCom comIO = (ISessionCom)io;
```

```
                //配置串口参数
                comIO.IOSettings(this._DeviceParameter.COM.Baud, DataBits.BIT_8,
                StopBits.STOP_1, Parity.P_MRK);
                //发送串口数据
                comIO.WriteIO(addr);

                //延时10毫秒，等待硬件设备中断
                System.Threading.Thread.Sleep(10);

                comIO.IOSettings(this._DeviceParameter.COM.Baud, DataBits.
                BIT_8,StopBits.STOP_1, Parity.P_SPC);
                return comIO.WriteIO(cmd);

            }
            else
            {
                this.OnDeviceRuningLogHandler("不支持网络模式发送数据");
                return 0;
            }
}
```

接收完数据，需要把串口设置修改成默认的配置，避免影响其他设备驱动的通信，代码如下。

```
/// <summary>
/// 自定义接收串口IO命令数据
/// </summary>
/// <param name="io">IO操作实例</param>
/// <returns>接收数据的数组</returns>
public override byte[] Receive(IIOChannel io)
{
            byte[] data = base.Receive(io);
            if (this.CommunicationType == CommunicationType.COM)
            {
                ISessionCom comIO = (ISessionCom) io; //把IO实例转换成串口实例
                //把串口参数修改为默认值，避免影响其他设备驱动的通信
                comIO.IOSettings(this._DeviceParameter.COM.Baud, DataBits.
BIT_8,StopBits.STOP_1, Parity.P_NONE);
            }
            return data;
}
```

如果是网络通信方式，可以把IO实例转换成ISessionSocket接口，进行自定义操作。IO数据交互这部分的设计比较灵活，给二次开发保留了更多的发挥余地。

3.8 通信状态设计

设备通信状态包括未知 IO 状态、通信正常、通信干扰、通信中断和通信未知。分别对应 IRunDevice 接口中的 UnknownIO、DealData、CommunicateInterrupt、CommunicateError 和 CommunicateNone 函数接口，接收到的数据信息会经过数据校验，得到不同的状态会调用的对应的函数接口。通信状态判断代码如下。

```
/// <summary>
/// 设备驱动处理数据流程，判断通信状态
/// </summary>
public virtual void RunIODevice(byte[] revData)
{
                if (revData == null)
                {
                    //未知 IO 状态
                    this.UnknownIO();
                    if (this.DeviceRealTimeData.IOState != IOState.None)
                    {
                        this.DeviceRealTimeData.IOState = IOState.None;
                        //触发通信状态改变
                        this.CommunicateChanged(IOState.None);
                    }
                }
                else
                {
                    //检测通信状态
                    IOState state = this.CheckIOState(revData);
                    if (this.DeviceRealTimeData.IOState != state)
                    {
                        this.DeviceRealTimeData.IOState = state;
                        this.CommunicateChanged(state);
                    }
                    //通信正常
                    if (state == IOState.Communicate)
                    {
                        this.DealData(revData);
                    }
                    //通信中断
                    else if (state == IOState.Interrupt)
                    {
                        this.CommunicateInterrupt();
                    }
```

```
                // 通信干扰或数据错误
                else if (state == IOState.Error)
                {
                    this.CommunicateError();
                }
                else
                {
                     // 未知状态
                    this.CommunicateNone();
                }
            }
}
```

未知 IO 状态，代表 IO 通道实例为 NULL 或无法正常发送和接收数据，如串口通信时串口无法打开、网络通信时没有有效连接的 Socket 等。

通信正常，代表接收的数据通过了 IRunDevice 接口的接收协议的函数校验，可以对数据进行解析，并对数据进行后续处理。

通信干扰，代表通信过程受到外界的电磁干扰、接收的数据有丢包现象或粘包现象。也就是说，数据流和接收协议不匹配，可以不做任何数据解析和处理操作，也可以对已接收的数据信息进行二次匹配操作。

通信中断，代表接收操作超时返回，并且未接收到任何数据信息，不做任何数据解析和处理操作。

通信未知，代表设备通信的初始状态，不具有任何意义，但是软件框架保留了该状态，一般情况下不会有调用 CommunicateNone 函数接口的情况。

在检测通信状态时，如果通信状态发生了改变，那么会调用 CommunicateChanged(IOState ioState) 接口函数，把最新的通信状态以参数的形式传递给 CommunicateChanged 接口，可以通过该接口完成对状态改变的事件响应。

3.9 定时任务设计

每个设备驱动都有一个定时器，对 System.Timers.Timer 时钟进行二次封装，用于执行定时任务，如定时清除数据、在自控模式通信机制下定时发送请求命令等。

定时任务包括三部分：IsStartTimer 属性，用于启动和停止定时任务；TimerInterval 属性，用于设置定时任务执行周期；DeviceTimer 函数，如果 IsStartTimer 为启动定时任务，那么

DeviceTimer 会根据 TimerInterval 设置的周期定时被调用，这是一个虚函数。定时器接口代码如下。

```
/// <summary>
/// 定时器接口
/// </summary>
public interface IRunDevice
{
    …
    /// <summary>
    /// 是否开启时钟，标识是否调用 DeviceTimer 接口函数
    /// </summary>
    bool IsStartTimer { set; get;}

    /// <summary>
    /// 时钟间隔值，标识定时调用 DeviceTimer 接口函数的周期
    /// </summary>
    int TimerInterval { set; get;}

    /// <summary>
    /// 设备定时器，响应定时任务
    /// </summary>
    void DeviceTimer();
    …
}

/// <summary>
/// 设备驱动抽象类，时钟操作部分
/// </summary>
public abstract class RunDevice1
{
private System.Timers.Timer _Timer = null;
//构造函数初始化时钟
public RunDevice1()
{
          …
          this._Timer = new System.Timers.Timer(1000);
          this._Timer.AutoReset = true;
          this._Timer.Elapsed += new ElapsedEventHandler(DeviceTimer);
}

/// <summary>
/// 是否启动时钟，1 秒执行 1 次
/// </summary>
public bool IsStartTimer
{
   set
```

```
        {
            this._IsStartTimer = value;
            if (this._IsStartTimer)
            {
                this._Timer.Start();
                this._Timer.Enabled = true;
            }
            else
            {
                this._Timer.Stop();
                this._Timer.Enabled = false;
            }
        }
        get
        {
            return this._IsStartTimer;
        }
    }

    /// <summary>
    /// 时钟执行周期间隔值
    /// </summary>
    public int TimerInterval
    {
        set
        {
            this._Timer.Interval = value;
        }
        get
        {
            return (int)this._Timer.Interval;
        }
    }
}
```

时钟可以定时调用 DeviceTimer 函数，在启动时钟时，可以在自控模式下定时发送命令读取设备的数据。

3.10 设备运行优先级设计

设备运行优先级的设计涉及以下两部分。

（1）设备管理器 (IDeviceManager) 中定义了 GetPriorityDevice 接口，用于返回当前高优先级的设备驱动（IRunDevice）。

（2）IRunDevice 中定义了 GetSendBytes 接口，用于返回当前要发送的命令数据，同时设置当前设备的优先级。

IIOController 接口在对设备列表进行任务调度的时候，首先通过 GetPriorityDevice 接口获得优先级高的设备，其次通过调用 GetSendBytes 接口获得要发送的命令数据。

GetPriorityDevice 接口获得设备优化级别调度接口的代码如下。

```
/// <summary>
/// 获得当前优先级别高的设备
/// </summary>
/// <param name="vals"> 每个控制器的可用设备数组 </param>
/// <returns> 高优先级的设备 </returns>
public IRunDevice GetPriorityDevice(IRunDevice[] vals)
{
   IRunDevice rundev = null;
    // 遍历当前控制器的设备驱动集合
   foreach (IRunDevice dev in vals)
   {
          // 判断设备驱动实例 IO 状态及优化级别或设备缓存命令的数量，综合判断获得优化调度的
设备驱动
         if (dev.DeviceRealTimeData.IOState == IOState.Communicate
                &&
                (dev.RunDevicePriority == RunDevicePriority.Priority
                ||
                dev.CommandCache.Count > 0))
         {
                rundev = dev;
                break;
         }
   }
   return rundev;
}
```

首先，当前设备必须为通信状态，否则即使优先调度此设备也不具有实际意义；其次，当前设备的优先级属性要为 priority，或者设备的命令缓存器中有可用数据，这两个条件同时符合才能判断这个设备是否可以优先被调度。

获得命令数据的接口的代码如下。

```
/// <summary>
/// 获得发送字节数组
/// </summary>
/// <returns></returns>
```

```
public byte[] GetSendBytes()
{
    byte[] data = new byte[] { };
    //如果没有命令就增加实时发送数据的命令
    if (this.CommandCache.Count <= 0)
    {
          //获得实时发送数据的命令
            data = this.GetRealTimeCommand();
            this.RunDevicePriority = RunDevicePriority.Normal;
    }
    else
    {
          //获得命令缓存的发送命令
            data = this.CommandCache.GetCacheCommand();
            this.RunDevicePriority = RunDevicePriority.Priority;
    }
    return data;
}
```

这部分的逻辑是，如果检测到命令缓存器中有命令数据，获得当前命令数据后把当前设备设置成高优先级。当某个设备驱动要定时读取硬件设备的数据信息（非实时数据）时，在发送完最后一个命令缓存器中的命令数据后，为了验证硬件设备状态的一致性和持续性，下一次通信继续调度这个设备。例如，对硬件设备实时发送校准命令。

3.11 授权设计

IRunDevice 有一个 IsRegLicense 属性，用于标识当前设备是否被授权，如果这个属性为 False，那么会调用 UnRegDevice 接口函数，做出相应的事件响应。

这部分的设计比较简单，软件框架可以对整个软件进行授权，所以也可以对设备本身进行授权。验证是否授权的代码如下。

```
/// <summary>
/// 运行设备接口，通信控制器调用该接口，可重写
/// </summary>
/// <param name="io"></param>
public virtual void RunIODevice(IIOChannel io)
{
    //判断本设备驱动是否被注册
```

```
    if (this.IsRegLicense)
    {  //正常处理数据流程
    }
    else
    {
        //取消注册本设备驱动
        this.UnRegDevice();
        …
    }
}
```

默认情况下设备驱动为已注册状态（IsRegLicense=true），按设置参数正常调度设备驱动。当设备驱动显示未注册状态（IsRegLicense=false）时，中断调度设备驱动，框架就会调用设备驱动的 UnRegDevice 接口函数，在二次开发时可以重写 UnRegDevice 接口函数，自定义未注册设备驱动的处理方式。

3.12 事件响应设计

每个设备驱动插件都具有 7 个事件，以实现不同的功能。IDeviceController（总体控制器）会对设备的事件进行订阅，并且做出响应并驱动其他模块，后文会进行详细的介绍。

不同事件的详细说明如下。

```
/// <summary>
/// 接收数据事件
/// </summary>
event ReceiveDataHandler ReceiveDataHandler;
```

说明：这只是一个预留的事件，如果设备调用此事件只是在运行监视器中显示当前设备接收了多个数据，而并没有更多的实际用处，那么一般情况下不需要调用此事件，可以通过 DeviceRuningLogHandler 事件实现同样的功能。

```
/// <summary>
/// 发送数据事件
/// </summary>
event SendDataHandler SendDataHandler;
```

说明：一开始这个事件与 ReceiveDataHandler 事件类似，但是后来增加了自控通信模式，进行网络通信的时候，设备可以自定义定时发送数据。这个事件涉及对设备和网络控制器的操作。

```
/// <summary>
/// 设备日志输出事件
/// </summary>
event DeviceRuningLogHandler DeviceRuningLogHandler;
```

说明：这个事件与运行监视器关联，触发该事件后，会把字符信息显示到运行监视器里，如图 3-8 所示。

图3-8　运行监视

```
/// <summary>
/// 更新设备运行器事件
/// </summary>
event UpdateContainerHandler UpdateContainerHandler;
```

说明：触发该事件会更新该设备在设备运行器中的数据信息，如图 3-9 所示。

设备运行器 | Data View

ID	设备名称	地址	通讯类型	COM/IP	Baud/Port	通道状态	通讯状态	设备状态	报警状态	设备类型	设备编号
0	Device1	1	串口	COM1	9600	打开	通讯中断	未知		普通设备	GMS800

图3-9　更新设备运行器中的数据信息

```
/// <summary>
/// 串口参数改变事件
/// </summary>
event COMParameterExchangeHandler COMParameterExchangeHandler;
```

说明：触发该事件会对串口控制器和串口 IO 进行操作，涉及的实例对象会动态变化。新版本软件框架中对该操作进行了优化，逻辑比较清晰，效率有所提高。

```
/// <summary>
/// 设备数据对象改变事件
/// </summary>
event DeviceObjectChangedHandler DeviceObjectChangedHandler;
```

说明：这个事件比较重要，是驱动其他相关模块的事件源，二次开发者可以自定义数据对象，并把数据对象通过此事件进行响应，自定义显示接口、自定义输出数据接口及服务接口等会收到传递过来的数据对象，相当于驱动其他模块的事件源。

```
/// <summary>
/// 删除设备事件
/// </summary>
event DeleteDeviceHandler DeleteDeviceHandler;
```

说明：这个是删除设备事件，触发该事件后，软件框架会释放 IO 资源、IO 控制器资源，并修改配置文件信息，一切操作成功后会调用 IRunDevice 中的 DeleteDevice 接口函数，可以在此函数中写释放设备的资源，因为软件框架并不知道二次开发者在设备驱动中都用到了什么资源。

3.13 上下文菜单设计

软件框架允许二次开发者自定义设备驱动的上下文菜单，因为不同类型的硬件设备肯定会存在功能上的差异，这种差异可以在菜单中体现。

右击设备运行器中的设备时，会弹出上下文菜单，这是一个基本的功能。软件框架监听鼠标事件，如果是鼠标右击事件，则会调用 IRunDevice 中的 ShowContextMenu 接口函数，以便显示自定义的上下文菜单。实现的代码如下。

```
/// <summary>
/// 显示菜单
/// </summary>
public override void ShowContextMenu()
{
    // 显示当前上下文菜单，并显示当前鼠标位置
   this.contextMenuStrip1.Show(Cursor.Position);
}
```

设备容器调用设备的上下文菜单的代码如下。

```
/// <summary>
/// 设备容器的右击菜单事件
/// </summary>
private void RunContainer_MouseRightContextMenuHandler(int devid)
{
        // 按设备 ID 获得当前设备驱动
        IRunDevice dev = _devList.GetDevice(devid.ToString());
        if (dev != null)
        {
            dev.ShowContextMenu();
        }
}
```

当操作者右击设备驱动时，会触发 MouseRightContextMenuHandler 事件，并且传递设备 ID 参数给事件，获得当前设备驱动实例，显示上下文菜单。

3.14 IO通道监视设计

IO 通道监视用于显示当前设备发送和接收的十六进制数据，对于设备的调试很有意义。所以，IRunDevice 设备驱动提供了两个接口函数实现此项功能：ShowMonitorIODialog() 函数，用于显示 IO 监视窗体；ShowMonitorIOData(byte[] data, string desc) 函数，在控制器调度设备的时候调用，用于显示当前发送和接收的数据信息，一般情况下二次开发不需要调用这两个函数，软件框架已经集成了这项功能。通过 IO 通道进行 IO 数据调试的结果如图 3-10 所示。

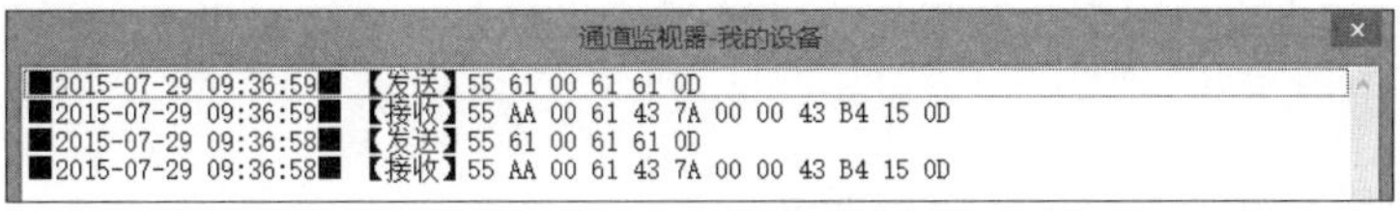

通道监视器-我的设备

■2015-07-29 09:36:59■ 【发送】55 61 00 61 61 0D
■2015-07-29 09:36:59■ 【接收】55 AA 00 61 43 7A 00 00 43 B4 15 0D
■2015-07-29 09:36:58■ 【发送】55 61 00 61 61 0D
■2015-07-29 09:36:58■ 【接收】55 AA 00 61 43 7A 00 00 43 B4 15 0D

图3-10　IO数据调试结果

通过 IO 通道监视显示发送和接收数据的代码如下。

```
/// <summary>
/// 监测数据函数
/// </summary>
public void ShowMonitorIOData(byte[] data, string desc)
{
        // 当前监测数据窗体实例
        if (this._MonitorIO != null)
        {
            // 将当前字节数组转换为字符串
            string senddesc = SuperIO.Utility.Converter.GetBytesString(data, desc);
            this._MonitorIO.ShowStatic(senddesc);
        }
}
```

实际上 _MonitorIO 变量是 MonitorIOForm 继承 IShowStatic 接口的实例，用于显示 IO 数据，继承关系如图 3-11 所示。

图 3-11　继承关系

3.15 关闭软件框架

关闭软件框架比启动软件框架要复杂，涉及释放托管资源和非托管资源、释放资源的先后顺序、线程退出等一系列的问题，如果处理不好，可能会造成软件界面退出了但后台的进程还运行的问题，给数据处理及再次启动软件框架带来意想不到的麻烦。

关闭软件框架时，会调用 IRunDevice 设备驱动的 ExitDevice 接口函数，这个函数与 DeleteDevice 接口函数有本质的区别。ExitDevice 函数可能要对状态进行初始值设置和数据置 0 操作，因为软件框架本身退出后，如果不进行该操作，Web 业务系统并不知道软件框架处于什么样的状态。

关闭软件框架在设备控制器中的部分代码如下。

```
/// <summary>
/// 释放设备控制器
/// </summary>
public void ReleaseDeviceController()
{
             //涉及的控制器和管理器部分将在后面章节介绍
            _ioController.RemoveAllController();
            _runContainer.RemoveAllDevice();
            _runContainer.MouseRightContextMenuHandler-= RunContainer_
MouseRightContextMenuHandler;
            _exportController.RemoveAll();
            _dataShowController.RemoveAll();
            _appServiceManager.RemoveAll();
            IEnumerator<IRunDevice> devList = _devList.GetEnumerator();
            while (devList.MoveNext())
            {
                devList.Current.ExitDevice();
            }
            _devList.RemoveAllDevice();
}
```

平台退出操作是一个比较缓慢的过程，释放资源有先后顺序，如果出现异常，要做相应的处理。

第 4 章

CHAPTER 4

设备驱动管理器的设计

设备驱动管理器负责管理 IRunDevice 设备驱动接口，是框架的重要组成部分。优秀的设备驱动管理器对于软件框架的稳定运行至关重要。

在介绍设备驱动管理器之前，先简单介绍一下 IO 控制器（IIOController），它主要负责对 IO 和设备进行调度，驱动设备运行。也就是说，一个 IO 控制器可能会对应多个设备驱动（插件），IO 打开后，多个设备驱动可以复用，避免反复打开和关闭 IO 过程影响执行效率。

早期的时候，每个 IO 控制器都有一个设备驱动管理器。在软件框架启动的时候，根据设备驱动的通信参数把相应的设备驱动分配到相应的 IO 管理器；当 IO 参数发生变化的时候，会触发事件，把该设备驱动从当前 IO 控制器移动到另一个 IO 控制器。

从业务角度来考虑，这样做并没有什么问题，并且一直运行得很稳定。但是，从模块化、扩展性角度来考虑，这种做法的效果不是太理想。如果在其他地方调用某一个设备驱动，不能很快地找到该设备驱动，必须要遍历 IO 控制器再匹配相应的设备驱动，操作复杂，效率较低。

在对软件框架进行重构的时候，重新考虑该问题，把每个 IO 控制器中的设备驱动管理器进行整合，用一个设备驱动管理器来完成软件框架的协调工作。

这部分涉及的技术并不难，也很容易理解，但是在设计过程中需要注意一些细节问题，这些问题可能会影响软件框架的稳定性，下面就来详细介绍。

4.1 接口定义

先定义一个接口（IDeviceManager<TKey, TValue>），确定设备驱动管理器都要具备什么功能，如增加设备、删除设备、获得设备和列表及其他的功能。接口代码如下。

```
/// <summary>
/// 设备管理器的接口
/// </summary>
public interface IDeviceManager<TKey, TValue> : IEnumerable<TValue> where TValue :
IRunDevice
{
    /// <summary>
    /// 新建设备的 ID，ID 是唯一的
    /// </summary>
    /// <returns></returns>
    string BuildDeviceID();

    /// <summary>
    /// 增加设备
    /// </summary>
    /// <param name="key"></param>
```

```
/// <param name="val"></param>
void AddDevice(TKey key, TValue val);

/// <summary>
/// 删除设备
/// </summary>
/// <param name="key"></param>
void RemoveDevice(TKey key);

/// <summary>
/// 移除所有设备
/// </summary>
void RemoveAllDevice();

/// <summary>
/// 获得值集合
/// </summary>
/// <returns></returns>
List<TValue> GetValues();

/// <summary>
/// 获得关键字集合
/// </summary>
/// <returns></returns>
List<TKey> GetKeys();

/// <summary>
/// 获得设备的 ID 和名称
/// </summary>
/// <returns></returns>
Dictionary<int, string> GetDeviceIDAndName();

/// <summary>
/// 获得高优先级运行设备
/// </summary>
/// <param name="vals"></param>
/// <returns></returns>
TValue GetPriorityDevice(TValue[] vals);

/// <summary>
/// 获得单个设备
/// </summary>
/// <param name="key"></param>
/// <returns></returns>
TValue GetDevice(TKey key);
```

```
/// <summary>
/// 获得设备数组
/// </summary>
/// <param name="para">IP 或串口号 </param>
/// <param name="ioType"> 通信类型 </param>
/// <returns></returns>
TValue[] GetDevices(string para, CommunicationType ioType);

/// <summary>
/// 获得指定 IP 和工作模式的网络设备
/// </summary>
/// <param name="remoteIP"></param>
/// <param name="workMode"></param>
/// <returns></returns>
TValue[] GetDevices(string remoteIP, WorkMode workMode);


/// <summary>
/// 获得指定工作模式的网络设备
/// </summary>
/// <param name="workMode"></param>
/// <returns></returns>
TValue[] GetDevices(WorkMode workMode);

/// <summary>
/// 获得设备数组
/// </summary>
/// <param name="ioType"></param>
/// <returns></returns>
TValue[] GetDevices(CommunicationType ioType);

/// <summary>
/// 按设备类型获得设备
/// </summary>
/// <param name="devType"></param>
/// <returns></returns>
TValue[] GetDevices(Device.DeviceType devType);


/// <summary>
/// 判断设备是否存在
/// </summary>
/// <param name="key"></param>
/// <returns></returns>
```

```
    bool ContainDevice(TKey key);

    /// <summary>
    /// 根据输入参数，判断是否包括设备
    /// </summary>
    /// <param name="para">IP 或串口号 </param>
    /// <param name="ioType"> 设备通信类型 </param>
    /// <returns></returns>
    bool ContainDevice(string para, CommunicationType ioType);

    /// <summary>
    /// 设置用户级别
    /// </summary>
    /// <param name="userlevel"></param>
    void SetUserLevel(UserLevel userlevel);

    /// <summary>
    /// 设置是否注册
    /// </summary>
    /// <param name="isreg"></param>
    void SetIsRegLicense(bool isreg);

    /// <summary>
    /// 获得可用设备数
    /// </summary>
    int Count { get; }

    /// <summary>
    /// 获得设备的计数器的值
    /// </summary>
    /// <param name="key"></param>
    /// <returns></returns>
    int GetCounter(TKey key);

    /// <summary>
    /// 设置计数器的值
    /// </summary>
    /// <param name="key"></param>
    /// <param name="val"></param>
    void SetCounter(TKey key, int val);
}
```

IDeviceManager 是一个泛型接口，可以自定义关键字和值类型，具有通用性。TValue 泛型限定必须是 IRunDevice 设备驱动接口。

4.2 设备容器

设备驱动管理器是对 Dictionary<Key,Value> 的封装，Key 是设备驱动的 ID，Value 是 IRunDevice 设备驱动接口。设备驱动管理器需要跨线程应用，所以对 Dictionary（字典）类的操作要加线程同步锁，具体代码如下。

```
/// <summary>
/// 缓存设备驱动的容器
/// </summary>
public class DeviceManager : IDeviceManager<string, IRunDevice>
{
        //静态变量实例，方便其他地方引用
        private static IDeviceManager<string, IRunDevice> _devManager = null;
        public static IDeviceManager<string, IRunDevice> GetInstance()
        {
            return _devManager;
        }
        //静态构建函数
        static DeviceManager()
        {
            _devManager = new DeviceManager();
        }
        //操作互斥
        private object _SyncLock = new object();
        //缓存设备驱动
        private Dictionary<string, IRunDevice> _dic = null;
        //计数器
        private Dictionary<string, int> _counter = null;
        //实例构造函数
        private DeviceManager()
        {
            _dic = new Dictionary<string, IRunDevice>();
            _counter = new Dictionary<string, int>();
        }
        //其他操作函数
}
```

之前使用的是 .NET Framework 2.0 框架，没有 ConcurrentDictionary(Of TKey, TValue) 类，这个类的所有公共的和受保护的成员都是线程安全的，使用原子性操作，适合多个线程之间同时使用。重构时可以使用 ConcurrentDictionary 类代替 Dictionary 类，因为 ConcurrentDictionary 的所有操作都用到了 Monitor 线程同步类，不需要自己再进行封装。这样改造后，不仅可以在

IO 控制器中对设备进行引用，也可以在其他组件中使用。如果遇到上述情况，需要尽量使用 ConcurrentDictionary 类。

4.3 生成设备ID

创建新的设备驱动，需要在设备驱动管理器中查找最大的设备 ID，并在此基础上 +1，将返回值作为新的设备驱动 ID。这部分操作的代码如下。

```
/// <summary>
/// 生成设备 ID
/// </summary>
public string BuildDeviceID()
{
   if(_dic.Count>0)
   {
      // 在设备集合中获得最大的 ID 值，在此基础上 +1
      int maxID=_dic.Max(d => d.Value.DeviceParameter.DeviceID);
      return (++maxID);
   }
   else
   {
          return 0;
   }
}
```

增加设备驱动需要生成设备 ID，设备 ID 一般是手动生成，所以这里不需要加线程同步锁。

4.4 增加线程同步锁

软件框架所有组件要共享设备驱动管理器，会涉及跨线程应用，特别是当集合发生变化的时候，可能会出现异常。例如，启动软件框架的时候，IO 控制器已经启动，IO 控制器从设备驱动管理器中提取自己的设备列表，但是这时有可能还没有加载完设备驱动，当有新的设备驱动增加到设备驱动管理器时，可能会产生冲突。

所以，在增加设备、删除设备和提取设备列表时要增加线程同步锁，如 lock (_SyncLock)。代码如下。

```
/// <summary>
/// 删除设备，互斥操作
/// </summary>
public void RemoveDevice(string key)
{
// 线程互斥对象
            lock (_SyncLock)
            {
                if (_dic.ContainsKey(key))
                {
                    this._dic.Remove(key);
                }

                if (_counter.ContainsKey(key))
                {
                    this._counter.Remove(key);
                }
            }
}
```

lock 关键字可确保当一个线程位于代码的临界区时，另一个线程不会进入该临界区。 如果其他线程尝试进入本线程的临界区，那么它将一直等待（即被阻止），直到该对象被释放。lock 关键字在块的开始处调用 Enter 命令，在块的结尾处调用 Exit 命令。

4.5 获得设备列表

获得设备的构造函数（GetDevices）有很多个，可以满足不同的应用场景需要，例如，现需要按通信类型、工作模式、设备类型等获得设备列表集合，代码如下。

```
/// <summary>
/// 获得设备集合
/// </summary>
public IRunDevice[] GetDevices(CommunicationType ioType)
{
            // 线程互斥对象
            lock (_SyncLock)
            {
```

```
                List<IRunDevice> list = new List<IRunDevice>();
                // 遍历当前设备集合，查找符合条件的参数
                foreach (KeyValuePair<string, IRunDevice> kv in _dic)
                {
                    if (kv.Value.CommunicationType == ioType)
                    {
                        list.Add(kv.Value);
                    }
                }
                return list.ToArray();
            }
}
```

上述代码可以遍历当前设备集合，将符合条件的参数增加到新的集合中，并返回新集合的结果。

4.6 设备计数器的特殊用处

在接口定义中有 SetCounter 和 GetCounter 两个函数，在通信过程中使用。在并发和自控通信模式中，假设设备驱动本处于通信正常的情况，但是突然发生线路中断或由于其他原因导致无法接收数据，设备驱动就会一直无法接收数据，也无法对通信状态进行检测及改变相应的数据信息。

为了防止出现这种情况，设备驱动每次发送数据时，都会通过 GetCounter 函数获得当前设备驱动的计数器，对计数器（变量）数值进行 +1 操作，通过 SetCounter 函数把计数器（变量）写到设备驱动管理器中。在异常接收数据的时候，对计数器（变量）数值执行-1 操作。如果一直发送数据，但没有接收到数据，当前设备的计数器数值就会一直累加。如果大于等于某个值，就会通过 RunIODevice(new byte[]{}) 函数驱动当前设备，执行整个设备处理流程，二次开发的代码块就会被调用，来应对此类应用场景的状态改变和数据变化。代码如下。

```
// 记录调度某个设备驱动的次数，超过多少次后进行相应的处理
// 获得当前设备的当前计数器的值
int counter = DeviceManager.GetInstance().GetCounter(dev.DeviceParameter.DeviceID.
ToString());
// 发送数据，并返回发送的数据数量
int sendNum = SessionSocketManager.GetInstance().Send(dev.DeviceParameter.NET.
RemoteIP, data);
// 判断数据是否发送成功
if (sendNum == data.Length && sendNum != 0)
{
```

```
    DeviceMonitorLog.WriteLog(dev.DeviceParameter.DeviceName, "发送请求数据");
    //增加计数器数值
    Interlocked.Increment(ref counter);
}
else
{
    //增加计数器数值
    Interlocked.Increment(ref counter);
    DeviceMonitorLog.WriteLog(dev.DeviceParameter.DeviceName, "尝试发送数据失败");
}
dev.ShowMonitorIOData(data, "发送");
//计数器数值大于等于3的时候执行
if (counter >= 3)
{
    try
    {
        //调度设备，当前无数据
        dev.RunIODevice(new byte[] { });
    }
    catch (Exception ex)
    {
        DeviceMonitorLog.WriteLog(dev.DeviceParameter.DeviceName, ex.Message);
        GeneralLog.WriteLog(ex);
    }
    //当前计数器数值为0
    Interlocked.Exchange(ref counter, 0);
}
//写当前设备的计数器数值
DeviceManager.GetInstance().SetCounter(dev.DeviceParameter.DeviceID.ToString(),
counter);
```

有增加设备的计数器，就有减少设备的计数器，当网络 IO 发送数据成功后，会对计数器数值进行 -1 操作，代码如下。

```
//获得当前设备的计数值
counter = DeviceManager.GetInstance().GetCounter(dev.DeviceParameter.DeviceID.
ToString());
//发送数据成功后，对计数器数值进行-1操作
Interlocked.Decrement(ref counter);

if (counter < 0)
{
    //当前计数器数值为0
    Interlocked.Exchange(ref counter, 0);
}
//写当前设备的计数器数值
```

```
DeviceManager.GetInstance().SetCounter(dev.DeviceParameter.DeviceID.ToString(), 
counter);
```

发送和接收数据会在不同的线程上完成。对计数器（变量）数值进行 +1 和 −1 操作的时候用到了 Interlocked 类，它可以为多个线程共享的变量提供原子操作，防止在多处理器上进行并行操作时引发异常或破坏数据。

第5章

CHAPTER 5

串口和网络统一IO设计

作为通信软件框架，IO 是核心部分之一，涉及与硬件设备、软件之间的信息数据交互，主要包括 IO 实例与 IO 管理器。IO 实例负责直接对串口和网络进行操作，IO 管理器负责对 IO 实例进行管理。

本章介绍对串口和网络统一 IO 的设计。

5.1 统一IO接口

软件框架的一大特点就是开发一套设备驱动（插件），就可以同时支持串口和网络两种通信方式，两种通信方式的切换只需要改动配置文件。

不同的设备类型和协议需要不同的通信方式，用堆代码的方式进行开发根本无法满足不同应用场景的需求，因为代码的维护成本高，并且修改代码可能会造成潜在的 BUG。

开始设计软件框架时，一个核心的思想就是，把要变的内容设计得更灵活，把不变的内容设计得更稳定。设备的协议就是要变的内容，IO 部分就是相对不变的内容，所以需要对串口 IO 和网络 IO 进行整合。不管是串口 IO 还是网络 IO，在框架内部都是统一的接口，所有对 IO 的操作都会通过这个统一的接口来完成。

统一的 IO 接口代码如下。

```
/// <summary>
/// IO 操作接口
/// </summary>
public interface IIOChannel:IDisposable
{
    /// <summary>
    /// 同步锁
    /// </summary>
    object SyncLock { get; }

    /// <summary>
    /// IO 关键字，如果是串口通信则为串口号，如 COM1；如果是网络通信则为 IP 和端口，如
127.0.0.1:1234
    /// </summary>
    string Key { get; }

    /// <summary>
    /// IO 通道，可以是 Com，也可以是 Socket
    /// </summary>
    object IO{get;}

    /// <summary>
    /// 读 IO
    /// </summary>
    /// <returns></returns>
    byte[] ReadIO();
```

```
    /// <summary>
    /// 写IO
    /// </summary>
    int WriteIO(byte[] data);

    /// <summary>
    /// 关闭
    /// </summary>
    void Close();

    /// <summary>
    /// IO类型
    /// </summary>
    CommunicationType IOType { get; }

    /// <summary>
    /// 是否被释放
    /// </summary>
    bool IsDisposed { get; }
}
```

串口IO和网络IO都继承自IIOChannel接口，来完成特定的IO通信操作，继承关系如图5-1所示。

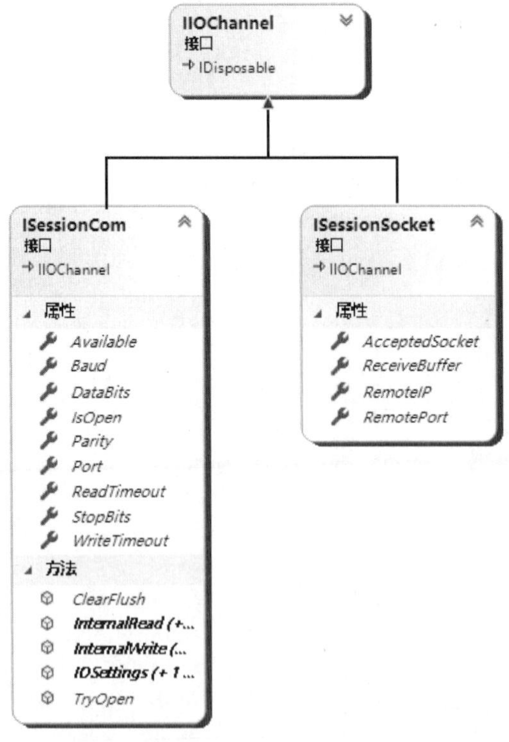

图5-1 IO接口继承关系

5.1.1 串口IO

串口IO操作原来使用的是微软自带的SerialPort组件，但是这个组件与一些工业串口卡不兼容，操作的时候会出现“参数不正确”的提示。SerialPort 组件本身是对 Win32 API 的封装，经过分析，出现异常应该不是这个组件本身的问题，有可能是串口卡兼容性的问题。

但是，从解决问题的成本角度考虑，从软件着手是成本最低、效率最高的方法。基于这方面的考虑，使用 MOXA 公司的 PCOMM.dll 组件进行开发，没有出现类似的问题。所以，在代码重构中使用了 PCOMM.dll 组件。

针对串口 IO 的操作比较简单，主要是实现 ReadIO 和 WriteIO 两个接口函数，代码如下。

```
/// <summary>
/// 串口 IO 操作类
/// </summary>
public class SessionCom : ISessionCom
{
    ......
    // 读数据 IO 操作
    public byte[] ReadIO()
    {
            if (_ReceiveBuffer != null)
            {
              // 读串口 IO 数据
                  int num = InternalRead(_ReceiveBuffer, 0, _ReceiveBuffer.Length);
                  if (num > 0)
                  {
                        byte[] data = new byte[num];
                  // 复制有效数据到字节数组
                        Buffer.BlockCopy(_ReceiveBuffer, 0, data, 0, data.Length);
                        return data;
                  }
                  else
                  {
                        return new byte[] { };
                  }
            }
            else
            {
                  return new byte[] { };
            }
    }

     // 写串口 IO 数据
    public int WriteIO(byte[] data)
```

```
    {
        //获得发送数据缓冲大小
        int sendBufferSize = GlobalProperty.GetInstance().ComSendBufferSize;
        if (data.Length <= sendBufferSize)
        {
            //发送串口数据
            return this.InternalWrite(data);
        }
        else
        {
            int successNum = 0;
            int num = 0;
            //如果要发送的数据大于设置的缓冲大小，则连续发送数据信息
            while (num < data.Length)
            {
                int remainLength = data.Length - num;
                int sendLength = remainLength >= sendBufferSize
                    ? sendBufferSize
                    : remainLength;
                successNum += InternalWrite(data, num, sendLength);
                num += sendLength;
            }
            return successNum;
        }
    }
    ......
}
```

针对 ReadIO 接口函数，有多种操作方法，如读固定长度、判断结尾字符、一直读到 IO 缓存为空等。但是每种方法也有各自的缺点：读固定长度，如果偶尔出现通信干扰或丢失数据，这种方法会给后续正确读取数据造成影响；判断结尾字符，在框架内部的 IO 实现上无法做到通用；一直读到 IO 缓存为空，如果接收数据的频率大于 IO 缓存读取的频率，就会阻塞轮询调度线程。除此之外，还要考虑到实际的应用环境，如 USB 形式的串口容易松动、9 针串口损坏等。所以，有可能因为硬件环境改变而无法正常对 IO 进行操作，这时候可以通过 TryOpen 接口函数试着重新打开串口 IO；另外，串口参数发生变化时，可以通过 IOSettings 接口函数重新配置参数。

5.1.2 网络IO

网络 IO 是对 Socket 进行操作，软件框架支持以 TCP 方式进行通信；工作模块支持 Server 和 Client，一套设备驱动可以同时支持 TCPServer 和 TCPClient 两种数据交互方式。

发送和接收数据的代码比较简单，SessionSocket 类中的 ReadIO 和 WriteIO 用同步方式实现；

使用并发通信和自控通信模式时，接收数据采用异步方式实现。当然，也可以使用 SocketAsync EventArgs 操作类实现高并发 IO 操作。SessionSocket 操作代码如下。

```
/// <summary>
/// 网络 IO 操作类
/// </summary>
public class SessionSocket : ISessionSocket
{
    //读数据操作
   public byte[] ReadIO()
   {
         //当前网络实例没有被释放
          if (!this.IsDisposed)
          {
             //当前网络实例有效连接
                 if (this.AcceptedSocket.Connected)
                 {
                 // Poll 方法会检查 Socket 的状态
                        if (this.AcceptedSocket.Poll(10, SelectMode.SelectRead))
                        {
                     //当前实际接收的数据大于设置的接收缓冲
                               if (this.AcceptedSocket.Available > this.
AcceptedSocket.ReceiveBufferSize)
                               {
                                      throw new Exception(" 接收的数据大于设置的接收
缓冲 ");
                               }

                               #region
                      //接收数据操作
                               int num = this.AcceptedSocket.Receive(this._
ReceiveBuffer, 0, this._ReceiveBuffer.Length, SocketFlags.None);

                               if (num <= 0)
                               {
                                      throw new SocketException((int)SocketError.
HostDown);
                               }
                               else
                               {
                                      this._NoneDataCount = 0;
                                      byte[] data = new byte[num];
                                      Buffer.BlockCopy(_ReceiveBuffer, 0, data,
0, data.Length);

                                      return data;
```

资源下载码：20210461

```
                        }
                        #endregion
                    }
                    else
                    {
                        this._NoneDataCount++;
                        if (this._NoneDataCount >= 60)
                        {
                            this._NoneDataCount = 0;
                            throw new SocketException((int)SocketError.
HostDown);
                        }
                        else
                        {
                            return new byte[] { };
                        }
                    }
                }
                else
                {
                    throw new SocketException((int)SocketError.HostDown);
                }
            }
            else
            {
                return new byte[] { };
            }
        }

        //写网络数据
        public int WriteIO(byte[] data)
        {
            //当前网络实例没有被释放
            if (!this.IsDisposed)
            {
                //当前实例有效连接，并且可发送数据
                if (this.AcceptedSocket.Connected
                    &&
                    this.AcceptedSocket.Poll(10, SelectMode.SelectWrite))
                {
                    int successNum = 0;
                    int num = 0;
                    //连接发送数据循环
                    while (num < data.Length)
                    {
```

```
                                        int remainLength = data.Length - num;
                                        int sendLength = remainLength >= this.
AcceptedSocket.SendBufferSize
                                                ? this.AcceptedSocket.SendBufferSize
                                                : remainLength;
                                        SocketError error;
                                //发送数据
                                        successNum += this.AcceptedSocket.Send(data, num,
sendLength, SocketFlags.None, out error);
                                        num += sendLength;
                                        if (successNum <= 0 || error != SocketError.
Success)
                                        {
                                                throw new SocketException((int)SocketError.
HostDown);
                                        }
                                }
                                return successNum;
                        }
                        else
                        {
                                throw new SocketException((int)SocketError.HostDown);
                        }
                }
                else
                {
                        return 0;
                }
        }
}
```

ReadIO 和 WriteIO 在操作过程中发生错误后会抛出 SocketException 异常，软件框架捕捉异常后会对 IO 实例进行资源销毁，重新被动侦听或主动连接获得 Socket 实例。

由计算机的网卡引起网络 IO 操作异常的可能比较小，但是还要考虑连接到软件框架的各类终端（客户端）、硬件设备（如 DTU、无线路由、网络转换模块等）及通信链路（如 GPRS、2G/3G/4G/5G 等）。有很多原因会造成通信链路失效，如另一端的程序不稳定、无法释放资源导致数据无法正常发送和接收；线路接头虚接导致发送和接收数据不稳定；网络本身状况不佳导致出现 Socket“假”连接的现象，虽然显示发送数据成功，但另一端没有收到等。

Socket 通信线程有定时轮询 IO 实例机制，通过 IO 实例向另一端发送心跳检测数据，如果发送失败，立即释放 IO 资源，这种操作方式的缺点是另一端会接收到冗余的数据信息。所以重构时采用另一种方式，即对底层进行心跳在线检测，异步发送和接收数据时，如果链路出现问题，异步函数会立即返回，并显示发送和接收数据的个数为0，如果发送或接收0个数，那么销毁IO实例资源。在初始化 IO 实例的时候，可以增加对底层心跳的检测功能，代码如下。

```
/// <summary>
/// 实例化网络类的构造函数，初始化心跳检测等操作。
/// </summary>
public SessionSocket(Socket socket)
{
   uint dummy = 0;
   _KeepAliveOptionValues = new byte[Marshal.SizeOf(dummy) * 3];
   _KeepAliveOptionOutValues = new byte[_KeepAliveOptionValues.Length];
   BitConverter.GetBytes((uint)1).CopyTo(_KeepAliveOptionValues, 0);
   BitConverter.GetBytes((uint)(2000)).CopyTo(_KeepAliveOptionValues, Marshal.
SizeOf(dummy));
   BitConverter.GetBytes((uint)(GlobalProperty.GetInstance().
HeartPacketInterval)).CopyTo(_KeepAliveOptionValues, Marshal.SizeOf(dummy) * 2);
   socket.IOControl(IOControlCode.KeepAliveValues, _KeepAliveOptionValues, _
KeepAliveOptionOutValues);
   socket.NoDelay = true;
   socket.SetSocketOption(SocketOptionLevel.Socket, SocketOptionName.DontLinger,
true);
   ......
}
```

上面介绍了通过发送、接收抛出异常和底层心跳检测两种方式对 Socket IO 实例有效性进行检测。正常通信情况下的数据发送和接收操作很简单，但是还要通过技术手段防止各种意外情况的出现，从而提高软件框架的稳定性。

因应用场景和环境不同，IO 通信的难易程度也不一样。在网络高速发展的今天，网络任务调度、分布式消息、大数据处理等无不涉及多点与多点之间的信息交互，所以在通信基础上又发展出来各种协议、算法及数据校验等，后文会进行详细讲解。

5.1.3 扩展应用

在调用 IRunDevice 设备驱动的 Send 和 Receive 接口时，会把 IO 实例以参数的形式传递进来，在二次开发过程中可以重写这两个接口函数，开发特定的发送和接收业务。

有人会问：串口通信时，硬件设备一直在向软件发送数据，软件接收到数据后进行数据处理，用框架应该怎么实现?

这种单向通信方式也是存在的，框架设计前已经考虑到这类情况，具体实现步骤如下。

（1）重写 IRunDevice 设备驱动中的 Send 接口函数，直接返回，不发送数据。

（2）重写 IRunDevice 设备驱动中的 Receive 接口函数，把接收的数据保存到缓存里。

（3）启动 IRunDevice 设备驱动中的 IsStartTimer 定时器，在 DeviceTimer 中定时分析缓存的数据并进行处理。

（4）查到可用的数据，调用 RunIODevice(byte[]) 驱动函数，其他的代码不需要改动。

5.2 IO管理器

IO 管理器可以对串口 IO 和网络 IO 进行管理，它们都继承自 IIOChannelManager<string,IIOChannel 接口，但是各自的 IO 管理器的职能又有很大不同，网络 IO 管理器更复杂一些。它们的继承关系如图 5-2 所示。

图5-2　IO管理器接口继承示意

5.2.1 串口IO管理器

由于串口 IO 管理器的业务不复杂，所以开发实现相对简单很多。串口 IO 动态改变的概率比较小，只是创建打开 IO 和关闭 IO 时通过事件反馈到串口监视窗体，主要代码如下。

```
/// <summary>
/// 串口 IO 管理器，包括创建 IO 实例、关闭 IO 实例等操作
/// </summary>
public class SessionComManager : IOChannelManager,ISessionComManager<string,
IIOChannel>
{
   private static ISessionComManager<string,IIOChannel> _SessionComManager= null;

    public static ISessionComManager<string, IIOChannel> GetInstance()
    {
            return _SessionComManager ;
    }

    static SessionComManager()
    {
            _SessionComManager = new SessionComManager();
    }

    private SessionComManager()
{}

   /// <summary>
   /// 创建并打开串口 IO
   /// </summary>
   /// <param name="port"></param>
   /// <param name="baud"></param>
   /// <returns></returns>
   public ISessionCom BuildAndOpenComIO(int port, int baud)
   {
          ISessionCom com = new SessionCom(port, baud);
          com.TryOpen();
          if (COMOpen != null)
          {
                 bool openSuccess = false;
                 if (com.IsOpen)
                 {
                        openSuccess = true;
                 }
                 else
                 {
                        openSuccess = false;
                 }

                 COMOpenArgs args = new COMOpenArgs(port, baud, openSuccess);
```

```
                this.COMOpen(com, args);
            }
            return com;
        }

        /// <summary>
        /// 关闭 IO
        /// </summary>
        /// <param name="key">IO 关键字 </param>
        public override void CloseIO(string key)
        {
            ISessionCom com = (ISessionCom)this.GetIO(key);
            base.CloseIO(key);
            if (COMClose != null)
            {
                bool closeSuccess = false;
                if (com.IsOpen)
                {
                    closeSuccess = false;
                }
                else
                {
                    closeSuccess = true;
                }
                COMCloseArgs args = new COMCloseArgs(com.Port, com.Baud,
closeSuccess);
                this.COMClose(com, args);
            }
        }
        //串口打开事件
        public event COMOpenHandler COMOpen=null;
        //串口关闭事件
        public event COMCloseHandler COMClose=null;
    }
```

5.2.2 网络IO管理器

网络 IO 工作模式分为 TCPServer 和 TCPClient 两种，对网络 IO 的心跳检测由 Socket 的 IOControl 底层函数实现。

1. 网络监听及发送和接收数据

当监听并接收到远程的连接实例后，处理连接实例会做下面两件事。

（1）判断该连接实例的 IP 在设备管理器中的设备驱动是否设置为 Client 工作模式，如果是，则销毁该资源实例，并退出当前事务。设备驱动设置的 IP 参数和客户端的 IP 参数一致，但是两端的工作模式又都为 TCPClient 模式。也就是说在一个网络内存在两个相同的 IP 和相同的 TCPClient 工作模式，还要让它们进行通信，这不符合 C/S 通信的基本原理。所以要果断拒绝这样的连接并销毁资源。

（2）判断当前 IO 管理器是否存在相同的 IP 实例对象，如果存在，则销毁该 IP 实例对象。因为有可能这个实例对象已失效，至少远程的客户端认为当前的连接已经失效，所以要销毁这样的 IP 实例对象，接收新的 IP 连接实例对象。

网络连接实例对象初始化的代码如下。

```
/// <summary>
/// 监听网络连接对象，并初始化实例对象
/// </summary>
private void Monitor_SocketHanler(object source, AcceptSocketArgs e)
{
     // 获得相同 IP 下的设备驱动实例集合
    IRunDevice[] devs = DeviceManager.GetInstance().GetDevices(e.RemoteIP, WorkMode.
TcpClient);
    if (devs.Length > 0)
    {
            DeviceMonitorLog.WriteLog(String.Format(" 有设备设置 {0} 为 TCPClient 模式，
此 IP 不支持远程主动连接 ", e.RemoteIP));
            SessionSocket.CloseSocket(e.Socket);
            return;
    }
     // 检测相同的 IP 对象，如果有相同 IP 的 IO 实例，那么释放该资源
    CheckSameSessionSocket(e.RemoteIP);
// 如果正在结束 Socket 操作，则完成后再执行连接操作
    _ManualEvent.WaitOne();
     // 初始化网络连接实例
    ISessionSocket socket = new SessionSocket(e.Socket);
    SessionSocketConnect(socket);
}

/// <summary>
/// 发送数据函数
/// </summary>
/// <param name=" key">IO 关键字 </param>
/// <param name=" data">字节数组 </param>
public int Send(string key, byte[] data)
{
     // 获得当前 IO 实例
    ISessionSocket sessionSocket = (ISessionSocket)this.GetIO(key);
    if (sessionSocket != null)
```

```
    {
        try
        {
            // 当前 IO 实例互斥锁
            lock (sessionSocket.SyncLock)
            {
                bool success = false;
                if (sessionSocket.WriteIO(data) == data.Length)
                {
                    success = true;
                }

                if (this.SendSocketData != null)
                {
                    // 发送数据
                    SendSocketDataArgs args = new SendSocketDataArgs(sessionSocket.
RemoteIP, sessionSocket.RemotePort, data, success);
                    this.SendSocketData(sessionSocket, args);
                }

                if (success)
                {
                    return data.Length;
                }
                else
                {
                    return 0;
                }
            }
        }
        catch (SocketException ex)
        {
            SessionSocketClose(sessionSocket);
            DeviceMonitorLog.WriteLog(String.Format("{0}:{1}", key, ex.Message));
            GeneralLog.WriteLog(ex);
            return 0;
        }
    }
    else
    {
        return 0;
    }
}

/// <summary>
```

```
/// 异步接收数据函数
/// </summary>
/// <param name=" IAsyncResult "> 异常回调参数 </param>
private void ReceiveCallback(IAsyncResult ar)
{
    // 转换回调参数对象为 IO 实例
    SessionSocket sessionSocket = (SessionSocket)ar.AsyncState;
    try
    {
        if (!sessionSocket.IsDisposed && sessionSocket.AcceptedSocket != null)
        {
            int read = sessionSocket.AcceptedSocket.EndReceive(ar);
            if (read > 0)
            {
                if (this.ReceiveSocketData != null)
                {
                    // 接收数据并复制到缓存字节数组中
                    byte[] data = new byte[read];
                    Buffer.BlockCopy(sessionSocket.ReceiveBuffer, 0, data, 0, data.
Length);
                    ReceiveSocketDataArgs args = new
ReceiveSocketDataArgs(sessionSocket.RemoteIP, sessionSocket.RemotePort, data);
                    this.ReceiveSocketData(sessionSocket, args);
                }
                OnReceive(sessionSocket);
            }
            else
            {
                SessionSocketClose(sessionSocket);
            }
        }
    }
    catch (SocketException ex)
    {
        GeneralLog.WriteLog(ex);
        SessionSocketClose(sessionSocket);
    }
    catch (Exception ex)
    {
        GeneralLog.WriteLog(ex);
        SessionSocketClose(sessionSocket);
    }
}
```

2. 连接远程服务器

单独开辟一个线程，获得所有工作模式为 TCPClient 的设备驱动，检测每一个设备驱动的通信参数在 IO 管理器中是否存在相应的 IO 实例，如果不存在，则主动连接远程的服务器，连接成功后把连接的 IO 实例缓存到 IO 管理器。

实现的代码如下。

```
/// <summary>
/// 当工作模式为 TCPClient 的时候，主动连接远程服务器
/// </summary>
private void ConnectTarget()
{
    // 连接线程，一直检测是否有需要远程连接的设备驱动
   while (true)
   {
          // 退出线程的标识
          if (!_ConnectThreadRun)
          {
                 break;
          }

          // 获得 TCPClient 工作模式的设备驱动集合
          IRunDevice[] devList = DeviceManager.GetInstance().GetDevices(WorkMode.
TCPClient);
          for (int i = 0; i < devList.Length; i++)
          {
                 try
                 {
                 // 如果没有连接实例，那么进行连接操作
                        if (!this.ContainIO(devList[i].DeviceParameter.NET.
RemoteIP))
                        {
                       // 连接远程服务器
                               ConnectServer(devList[i].DeviceParameter.NET.
RemoteIP, devList[i].DeviceParameter.NET.RemotePort);
                        }
                 }
                 catch (Exception ex)
                 {
                        devList[i].OnDeviceRuningLogHandler(ex.Message);
                 }
          }
          System.Threading.Thread.Sleep(2000);
   }
}

/// <summary>
/// 连接远程服务端函数
```

```
/// </summary>
/// <param name="ip">远程 IP</param>
/// <param name="port">远程端口 </param>
public void ConnectServer(string ip, int port)
{
    //初始化 Socket 对象
    Socket s = new Socket(AddressFamily.InterNetwork, SocketType.Stream,
ProtocolType.Tcp);
    //连接操作
s.Connect(ip, port);

    //初始化对象
    SessionSocket session = new SessionSocket(s);
    SessionSocketConnect(session);
}

/// <summary>
///连接成功后操作 IO 实例函数
/// </summary>
/// <param name="socket ">连接成功后的 IO 实例对象 </param>
private void SessionSocketConnect(ISessionSocket socket)
{
    //判断 IO 关键字是否存在
    if (!this.ContainIO(socket.Key.ToString()))
{
     //增加 IO 实例
        this.AddIO(socket.Key.ToString(), (IIOChannel)socket);

        ConnectSocketArgs args = new ConnectSocketArgs(socket.RemoteIP, socket.
RemotePort);
        if (this.ConnectSocket != null)
        {
            //触发连接事件
            this.ConnectSocket(socket, args);
        }

        if (GlobalProperty.GetInstance().ControlMode == ControlMode.Parallel ||
GlobalProperty.GetInstance().ControlMode == ControlMode.Self)
        {
            //开始接收数据
            OnReceive(socket);
        }
    }
}
```

3. 互斥操作

当有新的连接，在检测是否有相同 IP 实例存在的时候，如果有相同 IP 实例存在，在销毁资源未结束之前，不能把新连接的 IP 实例放到 IO 管理器中，否则可能把新连接的 IP 实例一起销毁。

为了防止这种情况出现，使用 ManualResetEvent 信号互斥进行状态控制，代码如下。

```
/// <summary>
/// 网络 IO 管理器
/// </summary>
public class SessionSocketManager : IOChannelManager, ISessionSocketManager<string,
IIOChannel>
{
     /// <summary>
    /// 初始状态为终止状态
    /// </summary>
    private ManualResetEvent _ManualEvent = new ManualResetEvent(true);

     /// <summary>
    /// 连接操作事件
    /// </summary>
    private void Monitor_SocketHanler(object source, AcceptSocketArgs e)
    {
            SessionSocketClose(e.RemoteIP);
            _ManualEvent.WaitOne(); // 如果正在结束 Socket 操作，则等待完成后再执行连接
操作
            ISessionSocket socket = new SessionSocket(e.Socket);
            SessionSocketConnect(socket);
    }

/// <summary>
    /// 关闭 IO 实例
    /// </summary>
     /// <param name=" key">IO 关键字 </param>
    private void SessionSocketClose(string key)
    {
// 互斥非终止状态
            this._ManualEvent.Reset();
          // 获得当前 IO 实例
            SessionSocket io = (SessionSocket)GetIO(key);
            if (io != null)
            {
                    CloseIO(key);
            }
        // 为终止状态
            this._ManualEvent.Set();
```

```
    }

  /// <summary>
    /// IO 连接操作
    /// </summary>
     /// <param name=" socket">IO 实例 </param>
    private void SessionSocketConnect(ISessionSocket socket)
    {
            if (!this.ContainIO(socket.Key.ToString()))
            {
              // 增加 IO 操作
                  this.AddIO(socket.Key.ToString(), (IIOChannel)socket);
            }
    }
}
```

当线程开始执行在其他线程继续执行之前必须完成的活动时，它将调用 ManualResetEvent 以置于 ManualResetEvent 非终止状态。此线程可以被视为控制 ManualResetEvent。调用 ManualResetEvent WaitOne 的线程，等待信号。控制线程完成活动后，会调用 ManualResetEvent ，以告知等待线程可以继续。

收到信号后，使 ManualResetEvent 保持信号，直到通过调用方法手动重置 Reset() 。

第 6 章

CHAPTER 6

调度控制器的设计

调度控制器主要负责对设备驱动和 IO 通道进行任务协调、调度，以及对事件做出响应，在此基础上实现对轮询通信模式、并发通信模式和自控通信模式的任务调度。由于串口和网络硬件链路的特性及通信机制不一样，因此它们在调度控制器的实现上也有很大差别。

调度控制器实现之后，理论上软件框架就能够正常使用，但是在实际应用中其实还有很多工作要做。在后续的设计中，要慢慢地丰富软件框架。

6.1 调度控制器接口

调度控制器内置一个线程，负责对设备驱动和 IO 实例进行任务协调、调度，相当于在第 4 章和第 5 章实现的基础上构建了一个更高层次的协调机制，实现设备驱动与 IO 的匹配。

串口调度控制器和网络调度控制器都继承自统一的接口（IIOController），接口定义的代码如下。

```
/// <summary>
///IO 控制器，实现对 IO 的调度
/// </summary>
public interface IIOController
{
    /// <summary>
    /// 当前是否工作
    /// </summary>
    bool IsWorked { set; get; }

    /// <summary>
    /// IO 控制器的关键字
    /// </summary>
    string Key { get; }

    /// <summary>
    /// 启动服务
    /// </summary>
    void StartService();

    /// <summary>
    /// 停止服务
    /// </summary>
    void StopService();

    /// <summary>
    /// IO 控制器类型
    /// </summary>
    CommunicationType ControllerType { get; }
}
```

调度控制器层次结构如图 6-1 所示。

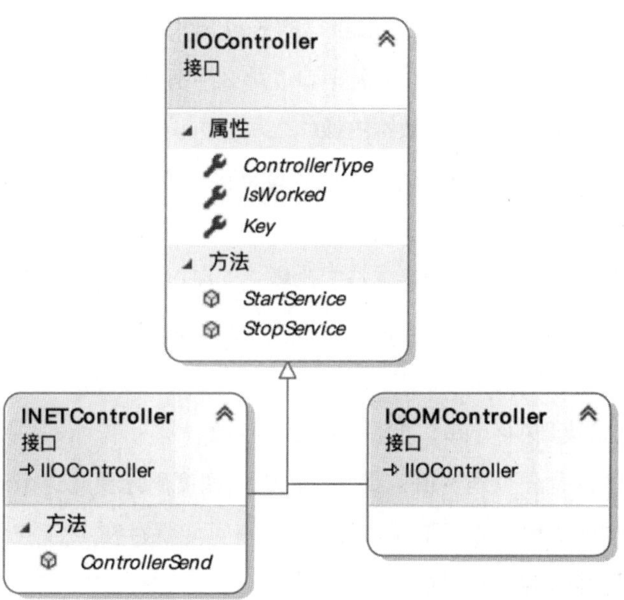

图6-1　调度控制器层次结构

6.2 串口调度控制器

每个（硬件）串口都对应一个串口调度控制器，每个串口调度控制器里都有一个独立的线程，用到多少个串口号就会有多少个控制器及线程。软件框架可能会挂载多个设备驱动（插件），有可能一个设备驱动对应一个串口，也可能几个设备驱动共用一个串口，也就是说，串口调度控制器和设备驱动之间存在 1 对 1 或 1 对 *N* 的关系，其结构如图 6-2 所示。

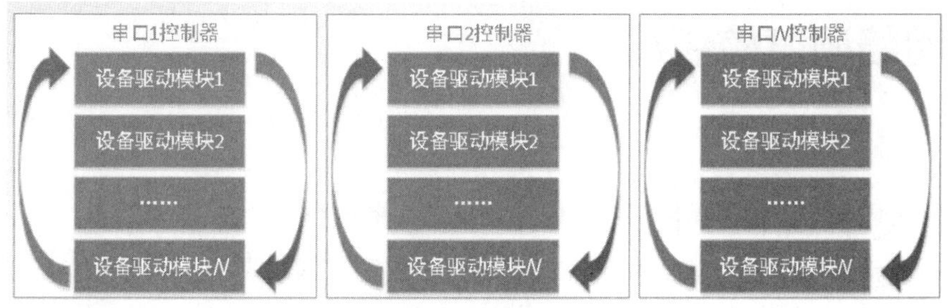

图6-2　串口调度控制器

一个串口控制器内的所有设备设置的串口通信参数都一样，所以设备驱动接口的 COM 中的

Port 属性、IO 接口的 Key 属性及串口控制器接口的 Key 属性是一致的，都用于标识串口号。既然一个串口控制器中的所有设备都共用一个硬件串口，那么所有设备驱动之间的任务调度只能采用轮询模式，一个设备驱动完成发送和接收数据的操作之后，再调度下一个设备驱动。设备驱动之间是串行工作模式，避免一个串口控制器内的多个设备驱动同时操作串口 IO 导致数据混乱，影响正常通信。

因为一个串口控制器内的设备驱动是串行工作模式，所以如果把所有设备驱动都设置成一个串口号，在一个串口控制器下串行调度，会影响设备驱动的通信效率。某个设备的调度周期的计算公式如下。

某个设备的调度周期=（串口控制器所有设备数-1）×单个设备驱动执行耗时

这个公式计算出的仅是一个理论值，实际应用中的调度周期要比这个理论值大，因为不同类型的设备驱动处理数据的流程、方式不同，所以数据有可能保存在 TXT 文件中，也有可能保存在 SQL 数据库中，还有可能保存在 NoSQL 数据库中。

在一个串口控制器中的设备越多，调度效率越低，但是，多个串口控制器之间是并行工作模式。如果现场环境对通信效率有要求的话，可以增加串口控制器，就是增加可用的串口硬件电路，把 *N* 个设备驱动平衡负载到不同的串口上，增加并行运行的串口控制器的节点，进而提高软件框架的通信效率。

但是，这样也会带来一定的风险，就是对于数据的存储，如果多个并行的数据流同时向一个单线程的存储介质写数据，会出现互斥的现象，甚至带来意想不到的异常。

如果同时向 SQL Server、Oracle、MySQL 等数据库存储数据，那么没有问题；如果采用文本文件、桌面数据库等存储数据，就有可能出现异常，为了防止出现异常，可以将数据分多个文件进行保存。DCS 系统大多采用时序数据库存储数据。

6.3 网络调度控制器

软件框架只有一个网络调度控制器，网络调度控制器内有一个独立的线程，负责对所有网络设备驱动进行轮询模式、并发模式和自控模式的通信调度。网络调度控制器的内部结构如图 6-3 所示。

轮询模式与串口调度控制器类似，只能串行调度所有网络设备驱动，而框架只有一个网络控制器，不能通过增加网络控制器来提高通信效率，轮询模式的工作流程如图 6-4 所示。

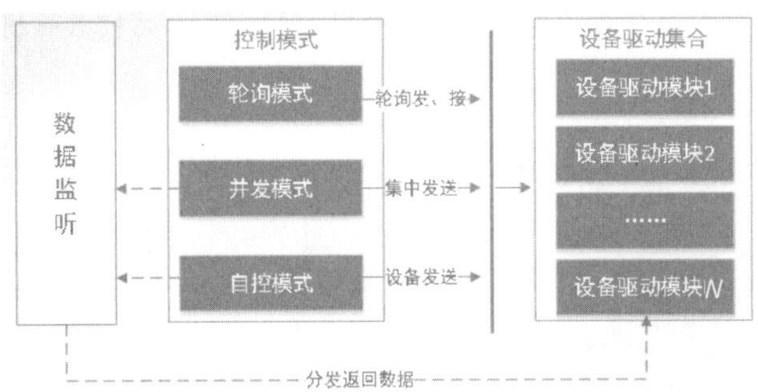

图6-3　网络调度控制器的内部结构

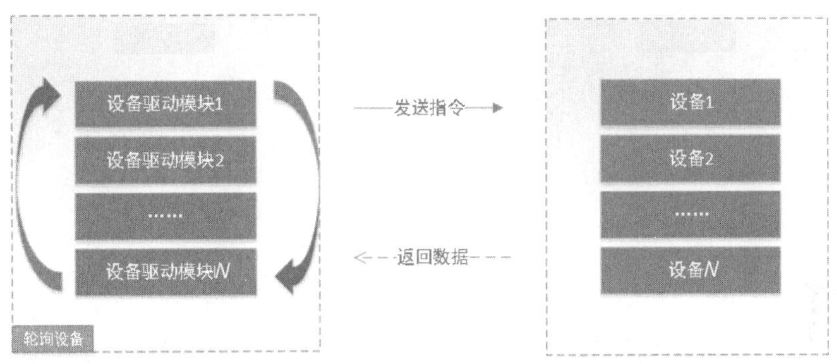

图6-4　轮询模式的工作流程

并发模式中，线程会通过控制器中的线程集中发送所有设备的请求命令数据，接收数据通过IO 异步监听来完成，异步接收到数据后再把数据分发到设备驱动的 RunIODevice 接口进行处理，如图 6-5 所示。

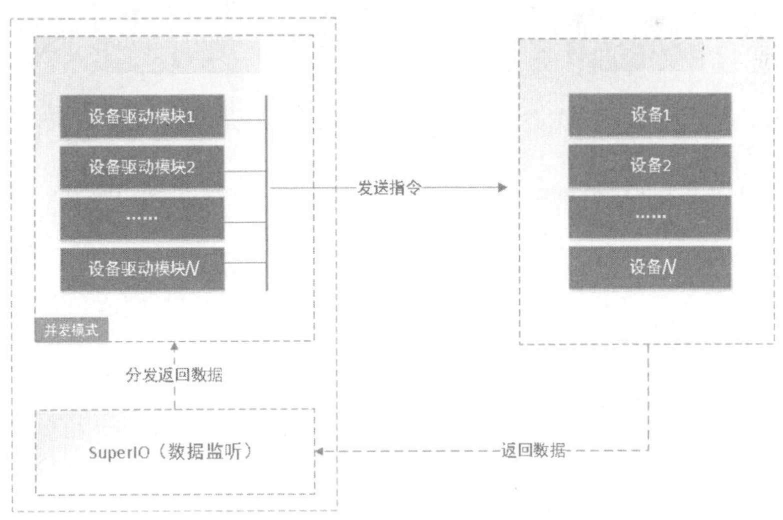

图6-5　并发模式的工作流程

自控模式中，发送命令数据的职能移交给了设备驱动本身，可以通过定时器来完成发送命令数据的任务，线程不再负责发送命令数据，接收数据的方式与并发模式一样。其工作流程如图 6-6 所示。

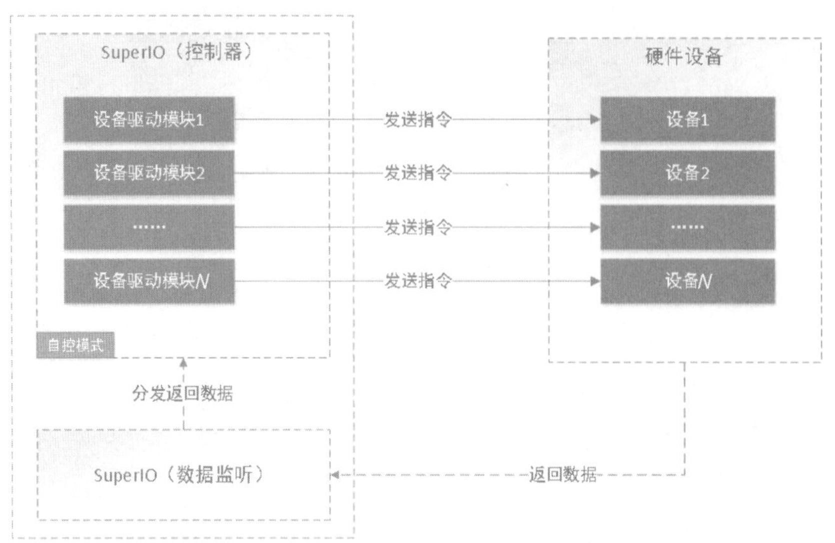

图6-6　自控模式工作流程

针对网络通信，轮询模式是不能发挥其优势的，所以增加了并发模式和自控模式。后两种通信模式会用到设备计数器，设备计数器如果大于等于某个值，就会通过 RunIODevice(new byte[]{}) 接口函数驱动当前设备，执行整个设备处理流程，以改变设备驱动的运行状态，实际上当前设备驱动处于“通信中断”状态。

RunIODevice(new byte[]{}) 接口函数会调用发送数据接口函数，代码如下。

```
/// <summary>
///IO 控制器，发送数据调度部分
/// </summary>
public void ControllerSend(IRunDevice dev, byte[] data)
{
   int counter = DeviceManager.GetInstance().GetCounter(dev.DeviceParameter.
DeviceID.ToString());

   int sendNum = SessionSocketManager.GetInstance().Send(dev.DeviceParameter.NET.
RemoteIP, data);

   if (sendNum == data.Length && sendNum != 0)
   {
          DeviceMonitorLog.WriteLog(dev.DeviceParameter.DeviceName, " 发送请求数据 ");
          Interlocked.Increment(ref counter);
   }
   else
```

```
    {
            Interlocked.Increment(ref counter);
            DeviceMonitorLog.WriteLog(dev.DeviceParameter.DeviceName, "尝试发送数据失
败");
    }

    dev.ShowMonitorIOData(data, "发送");

    if (counter >= 3)
    {
            try
            {
                    dev.RunIODevice(new byte[] { });
            }
            catch (Exception ex)
            {
                    DeviceMonitorLog.WriteLog(dev.DeviceParameter.DeviceName,
ex.Message);
                    GeneralLog.WriteLog(ex);
            }

            Interlocked.Exchange(ref counter, 0);
    }

    DeviceManager.GetInstance().SetCounter(dev.DeviceParameter.DeviceID.ToString(),
counter);
}
```

串口或网络调度控制器通过IO实例发送数据给硬件设备后，硬件会返回数据信息，IO实例异步接收、分发数据的代码如下。

```
/// <summary>
/// 接收数据调度部分
/// </summary>
private void NETDeviceController_ReceiveSocketData(object source,
ReceiveSocketDataArgs e)
{
    //判断是否为并发模式或自控模式
    if (GlobalProperty.GetInstance().ControlMode == ControlMode.Parallel
 || GlobalProperty.GetInstance().ControlMode == ControlMode.Self)
    {
        //计数器临时变量
         int counter = 0;
         IRunDevice dev = null;
        //获得网络通信的设备驱动集合
         IRunDevice[] list = DeviceManager.GetInstance().GetDevices(e.RemoteIP,
```

```
CommunicationType.NET);

            for (int i = 0; i < list.Length; i++)
            {
                dev = list[i];
              //判断 IP 是否相同
                if (String.CompareOrdinal(dev.DeviceParameter.NET.RemoteIP,
e.RemoteIP) == 0)
                {
                    dev.ShowMonitorIOData(e.ReceiveData, "接收");
                //异步调度设备驱动
                    dev.AsyncRunIODevice(e.ReceiveData);
                //获得当前计数器的值
                    counter = DeviceManager.GetInstance().GetCounter(dev.
DeviceParameter.DeviceID.ToString());
                //计数器 -1 操作
                    Interlocked.Decrement(ref counter);

                    if (counter < 0)
                    {
                        Interlocked.Exchange(ref counter, 0);
                    }
                //计数器赋值操作
                    DeviceManager.GetInstance().SetCounter(dev.
DeviceParameter.DeviceID.ToString(), counter);
                }
            }
        }
    }
```

在并发模式或自控模式下才进行异步返回数据的处理。

6.4 通信控制管理器

通信控制管理器负责对串口控制器和网络控制器进行管理，实际上是对 Dictionary <Key,Value> 进行的封装，所有涉及操作控制器的地方都是通过控制管理器来完成的。IIOControllerManager<TKey, TValue> 通信控制管理器的接口定义如图 6-7 所示。

图6-7　通信控制管理器接口定义

通信控制管理器接口定义代码如下。

```
/// <summary>
/// 通信控制管理器接口定义
/// </summary>
public interface IIOControllerManager<TKey, TValue> : IEnumerable<TValue>
{
        /// <summary>
        /// 建立通信控制管理器
        /// </summary>
        /// <param name="para1"></param>
        /// <param name="para2"></param>
        /// <param name="controllerType"></param>
        /// <returns></returns>
        IIOController BuildController(string para1, string para2, CommunicationType
controllerType);

        /// <summary>
        /// 增加通信控制管理器
        /// </summary>
        /// <param name="key"></param>
        /// <param name="val"></param>
        void AddController(TKey key, TValue val);

        /// <summary>
        /// 获得可使用的通信控制管理器
        /// </summary>
        /// <param name="key"></param>
        /// <returns></returns>
        TValue GetController(TKey key);

        /// <summary>
        /// 判断该 Key 是否存在
```

```
        /// </summary>
        /// <param name="key"></param>
        /// <returns></returns>
        bool ContainController(TKey key);

        /// <summary>
        /// 关闭指定通信控制管理器
        /// </summary>
        /// <param name="key"></param>
        void CloseController(TKey key);

        /// <summary>
        /// 关闭所有通信控制管理器
        /// </summary>
        void RemoveAllController();

        /// <summary>
        /// 获得值集合
        /// </summary>
        /// <returns></returns>
        List<TValue> GetValues();

        /// <summary>
        /// 获得关键字集合
        /// </summary>
        /// <returns></returns>
        List<TKey> GetKeys();
    }
```

IEnumerable<T> 接口包含在 System.Collections.Generic 命名空间中，该命令空间还包含 List<T>、Dictionary<TKey,TValue>、Stack<T> 和 LinkedList<T> 等类库。IEnumerable<T> 接口可以使用 foreach 循环来遍历集合。有关此接口的非泛型版本，请参阅 System.Collections.Generic. IEnumerable<T>。

IEnumerable<T> 包含在实现此接口时必须实现的单个方法；GetEnumerator 可以返回 IEnumerator<T>。返回 IEnumerator<T> 的功能通过公开 Current 属性来循环访问集合。

6.5 远程交互

了解串口调度控制器和网络调度控制器的基本原理和功能后，还要考虑一个应用场景：控制器不仅要与硬件进行数据交互，还有可能要把采集来的数据转发到其他服务器或节点上，也就是软件框架要具备路由的功能，整合设备驱动采集来的数据，并且进行打包、转发。

针对这个应用场景，在开发设备驱动的时候，不适合在设备驱动的处理流程中进行转发、多业务处理，环境、网络、业务复杂度等因素可能会阻塞控制器的调度，影响框架的整体运行效率。

在物联网建设中，多级互联、逐层转发是很常见的技术需求。为了解决这个现实问题，软件框架提供了 IAppService 应用服务接口，以实现控制端与被控端的远程交互，二次开发者可以把设备驱动中的数据信息封装后传入 IAppService 接口，可以在这里实现缓存、转发等具体的业务服务。这样设计的主要目的是不影响软件框架实时的数据采集，保证数据源的稳定性。远程交互结构如图 6-8 所示。

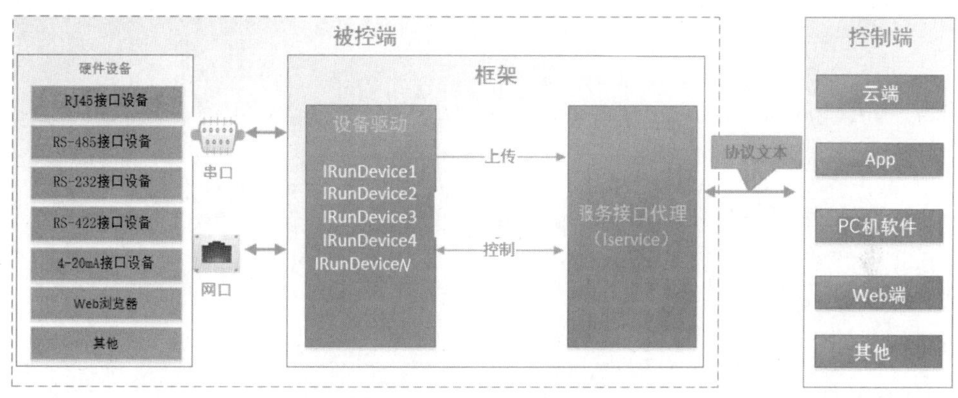

图6-8　远程交互

设备驱动负责与硬件设备进行数据交互，服务驱动负责与远程或云端进行数据交互，那么设备驱动与服务驱动在框架范围内也要进行数据交互，才能实现上行数据传输和下行命令控制。所以在框架实现上增加了设备连接器和服务连接器的概念和接口。

1. 设备连接器

IRunDevice 设备驱动接口继承了服务的 IDeviceConnector 接口，可以实现 OnDeviceConnector 接口函数，代表设备驱动之间可以传递和交互数据信息。接口代码如下。

```
/// <summary>
/// 设备连接器，支持服务与设备进行数据交互
/// </summary>
public interface IDeviceConnector
{
        /// <summary>
        /// 支行设备连接器
        /// </summary>
        /// <param name="fromDevice">信息传递的发送端</param>
```

```
        /// <param name="toDevice">信息传递的目的端，以及包含的数据信息</param>
        /// <param name="asyncCallback">异步返回结果</param>
        /// <returns></returns>
        IDeviceConnectorCallbackResult RunDeviceConnector(IFromDevice fromDevice,
IDeviceToDevice toDevice,AsyncDeviceConnectorCallback asyncCallback);

        /// <summary>
        /// 设备连接器回调函数，在这里写回调的处理结果
        /// </summary>
        /// <param name="obj"></param>
        void DeviceConnectorCallback(object obj);

        /// <summary>
        /// 如果执行方出现异常，则返回这个函数结果
        /// </summary>
        /// <param name="ex"></param>
        void DeviceConnectorCallbackError(Exception ex);

        /// <summary>
        /// 设备连接器事件，发起端
        /// </summary>
        event DeviceConnectorHandler DeviceConnector;

        /// <summary>
        /// 触发事件接口
        /// </summary>
        /// <param name="fromDevice"></param>
        /// <param name="toDevice"></param>
        void OnDeviceConnector(IFromDevice fromDevice, IDeviceToDevice toDevice);
}

/// <summary>
/// 设备连接器的实现
/// </summary>
private void DeviceConnector(object source, Device.Connector.DeviceConnectorArgs
e)
{
   if (e == null) return;
   // 获得设备 ID 的驱动
   IRunDevice runDevice = this.DeviceManager.GetDevice(e.DeviceToDevice.DeviceId);
   if (runDevice != null)
   {
      if (e.FromDevice.RunDevice == null)
      {
         // 获得原始设备驱动
```

```
            ((FromDevice)e.FromDevice).RunDevice = this.DeviceManager.GetDevice(e.
FromDevice.DeviceID);
        }

        AsyncDeviceConnectorCallback asyncCallback = null;
        if (e.FromDevice.RunDevice != null)
        {
            //创建异步回调实例
            asyncCallback = new AsyncDeviceConnectorCallback(e.FromDevice.RunDevice.
DeviceConnectorCallback);
        }
        Task.Run(() =>
        {
            try
            {
                //异步调用
                return runDevice.RunDeviceConnector(e.FromDevice, e.DeviceToDevice,
asyncCallback);
            }
            catch(Exception ex)
            {
                Logger.Error(true, "DeviceConnector:", ex);
                return null;
            }
        }).ContinueWith(t =>
        {
            IDeviceConnectorCallbackResult callback = null;
            try
            {
                callback = t.Result;

                if (callback != null)
                {
                    if (!callback.IsAsyncDeviceConnectorCallback)
                    {
                        //回调函数
e.FromDevice.RunDevice.DeviceConnectorCallback(callback.Result);
                    }
                }
            }
            catch (Exception ex)
            {
                try
                {
                    //异常回调函数
```

```
                e.FromDevice.RunDevice.DeviceConnectorCallbackError(ex);
            }
            catch (Exception ex1)
            {
                this.Logger.Error(true, "", ex1);
            }
        }
    });
  }
}
```

2. 服务连接器

IService 接口继承自 IServiceConnector 服务连接器，代表服务具备两大职能：向设备驱动发送命令或信息、接收设备驱动处理命令或信息的结果。接口代码如下。

```
/// <summary>
/// 服务连接器，可以接收设备驱动的数据信息
/// </summary>
public interface IServiceConnector
{
        /// <summary>
        /// 设备连接器回调函数，在这里写回调的处理结果
        /// </summary>
        /// <param name="obj"></param>
        void ServiceConnectorCallback(object obj);

        /// <summary>
        /// 如果执行方出现异常，则返回这个函数结果
        /// </summary>
        /// <param name="ex"></param>
        void ServiceConnectorCallbackError(Exception ex);

        /// <summary>
        /// 设备连接器事件，发起端
        /// </summary>
        event ServiceConnectorHandler ServiceConnector;

        /// <summary>
        /// 触发事件接口
        /// </summary>
        /// <param name="fromService"></param>
        /// <param name="toDevice"></param>
        void OnServiceConnector(IFromService fromService, IServiceToDevice
 toDevice);
```

```
}

/// <summary>
/// 服务连接器的实现
/// </summary>
private void ServiceConnector(object source, Service.Connector.ServiceConnectorArgs
e)
{
   if (e == null) return;

   IRunDevice runDevice = this.DeviceManager.GetDevice(e.ServiceToDevice.DeviceId);
   if (runDevice != null)
   {
      if (e.FromService.Service == null)
      {
        ((FromService)e.FromService).Service = ServiceManager.GetService(e.
FromService.ServiceKey);
      }

      AsyncServiceConnectorCallback asyncCallback = null;
      if (e.FromService.Service != null)
      {
         asyncCallback=new AsyncServiceConnectorCallback(e.FromService.Service.
ServiceConnectorCallback);
      }

      Task.Run(() =>
      {
         try
         {
            return runDevice.RunServiceConnector(e.FromService, e.ServiceToDevice,
asyncCallback);
         }
         catch(Exception ex)
         {
             Logger.Error(true, "ServiceConnector:", ex);
             return null;
         }
       }).ContinueWith(t =>
       {
           IServiceConnectorCallbackResult callback = null;
           try
           {
               callback = t.Result;
```

```
                if(callback != null)
                {
                    if (!callback.IsAsyncServiceConnectorCallback)
                    {
                        e.FromService.Service.ServiceConnectorCallback(callback.
Result);
                    }
                }
            }
            catch (Exception ex)
            {
                try
                {
                    e.FromService.Service.ServiceConnectorCallbackError(ex);
                }
                catch (Exception ex1)
                {
                    this.Logger.Error(true, "", ex1);
                }
            }
        });
    }
}
```

第7章

CHAPTER 7

接口的设计

开发者不仅可以二次开发设备驱动，还可以二次开发自定义图形显示形式、数据导出格式和多种业务服务，设备驱动接口会与这三种接口进行事件响应和数据交互。

框架内部实际上是对接口进行直接调用，不同接口之间实现了契约协调机制，从而逐步搭建起了一个软件框架。接口是二次开发与软件框架对接的一种形式，保证在软件框架的协调机制中可以实现特定的业务功能。所以，任何框架的设计，其实都是对接口的设计。

7.1 插件接口

图形显示接口、数据导出接口和服务组件接口都继承自统一的插件接口（IPlugins），可以很方便地进行管理和扩展。插件接口的代码如下。

```
/// <summary>
///插件接口
/// </summary>
public interface IPlugins : IDisposable
{
    /// <summary>
    /// 服务 Key，要求唯一
    /// </summary>
    string ThisKey { get; }

    /// <summary>
    /// 服务名称
    /// </summary>
    string ThisName { get; }

    /// <summary>
    /// 更新设备数据，用于接收来自设备驱动的数据信息
    /// </summary>
    /// <param name="devid">设备 ID</param>
    /// <param name="obj">设备对象 </param>
    void UpdateDevice(int devid, object obj);

    /// <summary>
    /// 移除设备，当软件框架删除设备时进行响应
    /// </summary>
    /// <param name="devid">设备 ID</param>
    void RemoveDevice(int devid);
}
```

图形显示接口、数据导出接口和服务组件接口与插件接口的继承关系如图 7-1 所示。

设备驱动只要有数据更新就会通过事件把数据传送到 UpdateDevice 接口，这个接口内部到底怎么处理完全由二次开发者来决定。当触发设备驱动的删除事件时，就会调用 RemoveDevice 接口，删除和释放资源。

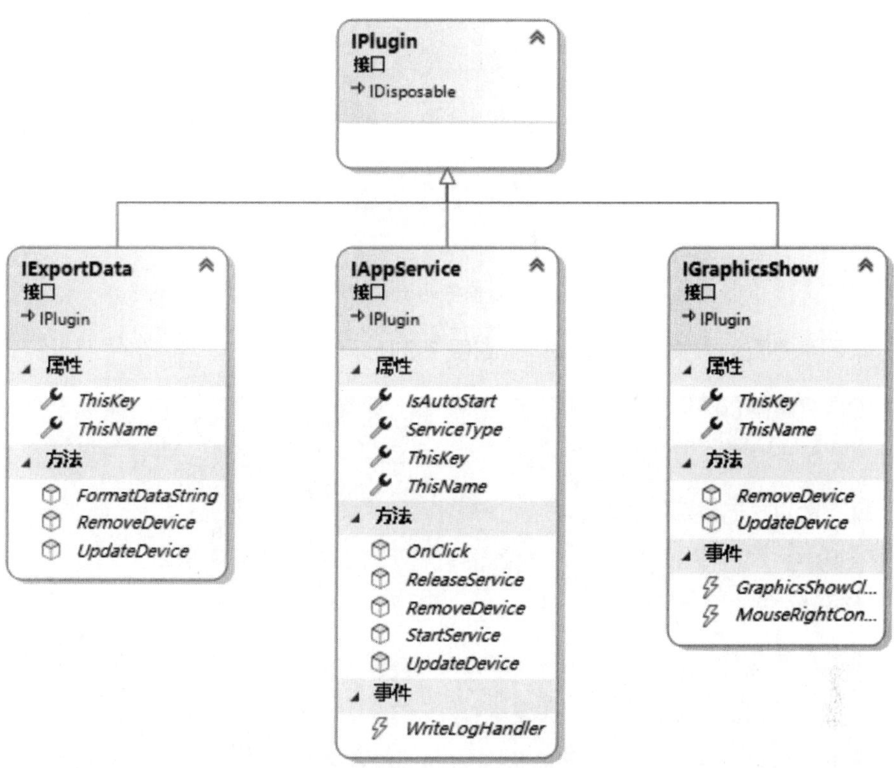

图7-1 接口间的继承关系

7.2 图形显示接口

软件框架通信设备驱动采集来的只是原始数据，经过处理后才能形成业务数据，数据处理过程涉及显示、分析、查询、打印、报表等业务功能，针对同样的数据信息，不同用户的处理方式有很大的不同。这部分功能变动很大，但是又不能每次有变动就去修改软件框架。

基于这一考虑，框架要提供一个机制，能够加载二次开发者设计的 UI 窗体，可以把不同类型设备的数据以多种形式集成显示在不同界面。

首先，软件框架不能在启动的时候就显示所有 UI 窗体，具体要显示哪个 UI 窗体完全由用户自己决定，所以要通过配置文件把二次开发的组件信息加载到菜单，提供可触发的显示事件入口。菜单的主要功能如图 7-2 所示。

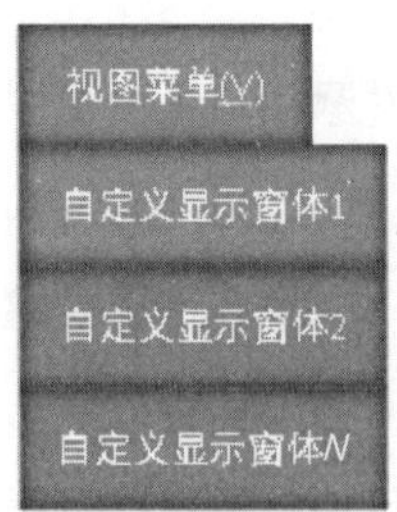

图7-2　菜单的主要功能

其次，采用标签页的方式显示 UI 窗体，如图 7-3 所示。

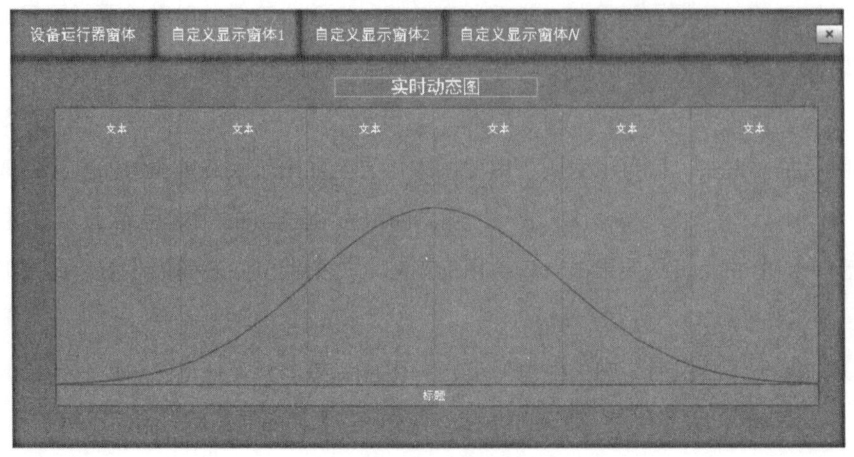

图7-3　自定义界面显示

上面 UI 部分的设计，从业务角度要考虑以下两件事。

（1）在二次开发的窗体上右击时要显示相应设备的上下文菜单，即调用 IRunDevice 设备驱动的 ShowContextMenu 函数，要在 IGraphicsShow 接口中提供 MouseRightContextMenuHandler 事件，以调用 ShowContextMenu 函数显示上下文菜单。

（2）当单击菜单项的时候，会以标签页的形式显示窗体，但是多次单击是不能多次显示 UI 窗体的，所以要有一个管理器，通过接口的 ThisKey 属性判断当前显示的 UI 窗体是否存在，如果不存在，则显示该 UI 窗体，否则退出操作。既然有一个管理器，那么当关闭窗体的时候，就要把该 UI 窗体实例从管理器中删除，避免无法再次显示窗体，所以还需要在接口中定义一个关闭窗体的事件 GraphicsShowClosedHandler，释放窗体资源后从管理器中删除实例。

至此，自定义窗体显示部分就设计完毕，IGraphicsShow 接口定义代码如下。

```
/// <summary>
/// 视图插件接口，关闭事件和右击事件
/// </summary>
public interface IGraphicsShow : IPlugins
{
```

```
    /// <summary>
    ///关闭事件时发生
    /// </summary>
    event GraphicsShowClosedHandler GraphicsShowClosedHandler;

    /// <summary>
    ///右击
    /// </summary>
    event MouseRightContextMenuHandler MouseRightContextMenuHandler;
}
```

接口定义了关闭事件和右击事件，以便释放资源和显示上下文菜单。

7.3 数据导出接口

在数据集成系统项目中，有时需要集成其他厂家的设备数据，有时是其他厂家要集成自己家的设备数据，在没有统一标准的前提下，各种集成数据的格式都不相同，系统处理起来比较麻烦。为了满足此类场景需求，数据导出接口为设备提供了不同的数据输出格式的多态机制，开发者可以继承该接口，设备在处理完数据后，会把数据自动传输到该接口，就可以按规定的数据格式输出到不同的存储介质。

对设备驱动进行实时数据导出，可以把一类设备数据导出为多种数据格式。导出数据插件可以通过配置文件进行加载，只要设备驱动有数据更新，就把数据通过事件传递给导出数据接口。如果不在配置文件中配置插件信息，则程序不进行加载和导出数据的操作。所以，这种事务性的服务不需要界面来完成，可以在宿主程序启动时通过代码来完成。

IExportData 数据导出接口代码如下。

```
/// <summary>
///数据导出接口，定义数据格式化
/// </summary>
public interface IExportData:IPlugins
{
    /// <summary>
    /// 格式化数据
    /// </summary>
    /// <param name="devid">设备 ID</param>
    /// <param name="obj">设备对象数据 </param>
     /// <param name=" devicetype">设备类型 </param>
```

```
    /// <returns> 返回格式化的数据 </returns>
    object FormatDataString(int devid, object obj, DeviceType devicetype);
}
```

FormatDataString 接口函数主要用于进行数据格式化，并返回格式化的对象，对象为自定义。

7.4 服务组件接口

围绕设备驱动模块采集的数据，根据应用场景、需求的不同，可以提供多种应用服务，如数据转发服务、4-20mA 服务、短信服务、LED 服务、OPC 服务和复杂的实时数据分析服务等。在保障数据实时性、稳定性的前提下，服务组件接口可以提供统一的服务机制，方便开发者进行二次开发。

服务组件是长时间运行的任务，所以更复杂一些。有些服务需要随宿主程序启动而自动运行，有些服务需要手动启动才运行。在宿主程序启动的时候，通过配置文件把服务的信息加载到菜单，菜单里显示的服务可能有些已经启动了，有些则需要通过单击操作显示窗体并填写必要的信息后才能启动。所以，宿主程序与服务组件不是单向交互，而是双向的数据、事件交互。

IAppService 服务组件接口在 IPlugins 基础上进行扩展，增加了函数、属性和事件，代码如下。

```
/// <summary>
/// 服务组件接口，定义相关服务操作
/// </summary>
public interface IAppService : IPlugins
{
     /// <summary>
    /// 启动服务
    /// </summary>
    void StartService();

    /// <summary>
    /// 是否自动启动
    /// </summary>
    bool IsAutoStart { set; get; }

      /// <summary>
    /// 服务类型
    /// </summary>
    ServiceType ServiceType { set; get; }

    /// <summary>
```

```
    /// 单击事件，关联菜单
    /// </summary>
    void OnClick();

    /// <summary>
    /// 释放服务
    /// </summary>
    void ReleaseService();

    /// <summary>
    /// 写日志事件
    /// </summary>
    event WriteLogHandler WriteLogHandler;
}
```

（1）StartService 函数：当服务的启动方式（IsAutoStart 属性）为自动启动的时候，软件框架在加载服务时会自动调用这个接口函数，表示对服务进行启动操作。

（2）IsAutoStart 属性：服务启动类型，标识是否随软件框架启动而自动启动，也就是标识是否会调用 StartService 接口函数。

（3）ServiceType 属性：服务类型，分为显示模式和隐藏模式。显示模式的服务会在软件框架的菜单上加载以 ThisName 标识的服务名称；隐藏模式不会在软件框架的菜单中加载服务名称。可以把此类服务的 IsAutoStart 属性设置为自动启动，即软件框架启动后自动启动服务，代码如下。

```
/// <summary>
/// 服务类型
/// </summary>
public enum ServiceType
{
    [EnumDescription(" 显示模式 ")]
    Show = 0x00,
    [EnumDescription(" 隐藏模式 ")]
    Hide = 0x01
}
```

（4）OnClick 函数：当服务类型为“显示模式”时，服务名称会被加载到菜单中，当单击服务菜单项的时候，会调用相应服务的 OnClick 函数，可以在这个接口函数中调用窗体。

（5）ReleaseService 函数：当关闭软件框架和手动停止服务后，可以通过这个函数释放服务资源。

另外，服务组件接口还涉及服务状态，标识服务在运行过程中处于什么阶段，如服务正在启动、服务已经启动、服务正在运行、服务正在终止、服务已经终止等。服务的事务复杂度不同，服务的状态可能也不同，所以服务状态可以由二次开发者自己定义。

7.5 插件管理器

图形显示接口、数据导出接口和服务组件接口分别有一个接口管理器，负责对各功能接口进行管理，它们都继承自 IBaseManager<TKey, TValue> 接口。继承关系图如图 7-4 所示。

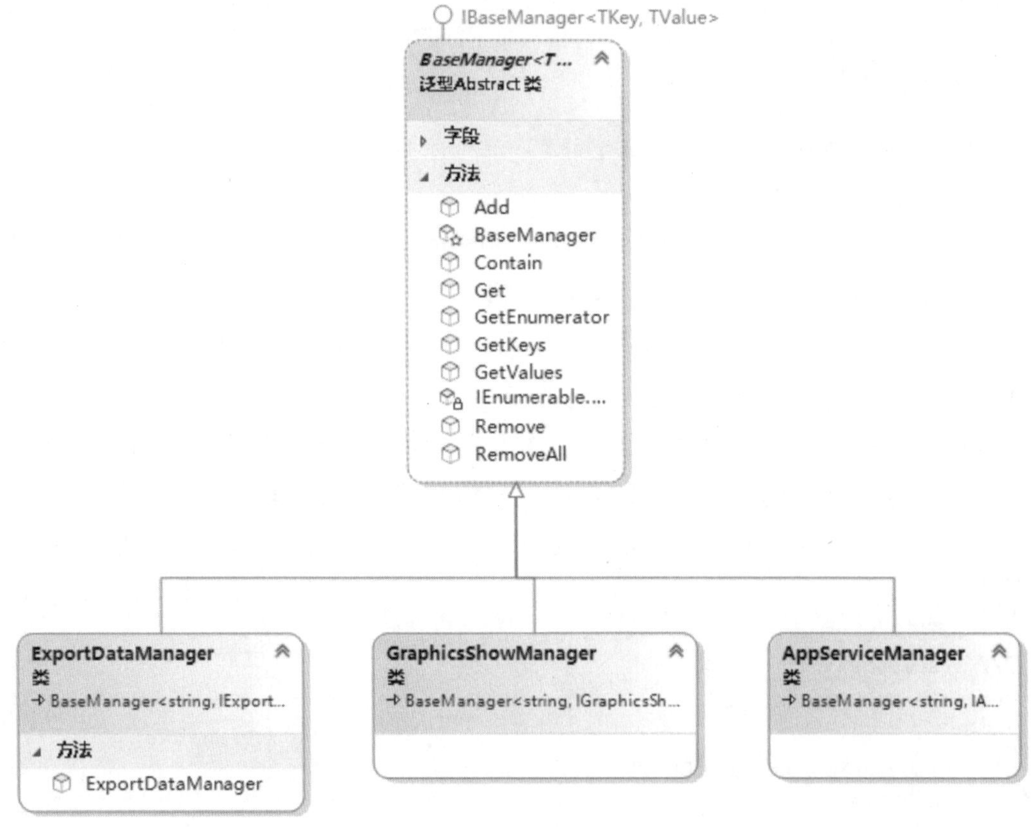

图7-4　插件管理接口继承关系

7.6 框架整合及重构

总体来说，软件框架涉及四个主要的接口：IRunDevice 设备驱动接口、IGraphicsShow 图形显示接口、IExportData 数据导出接口和 IAppService 服务组件接口。它们的继承关系如图 7-5 所示。

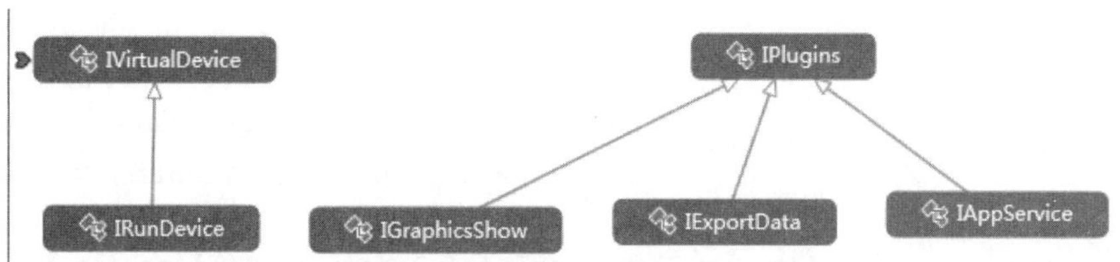

图7-5　接口继承关系

实际上，继承这四个接口的模块都是以插件的形式加载到软件框架。对上面的继承关系图进行分析，发现还有整合、重构的余地，可以进一步明确接口关系、整合代码，提高框架的可扩展性。重构后的接口继承关系如图 7-6 所示。

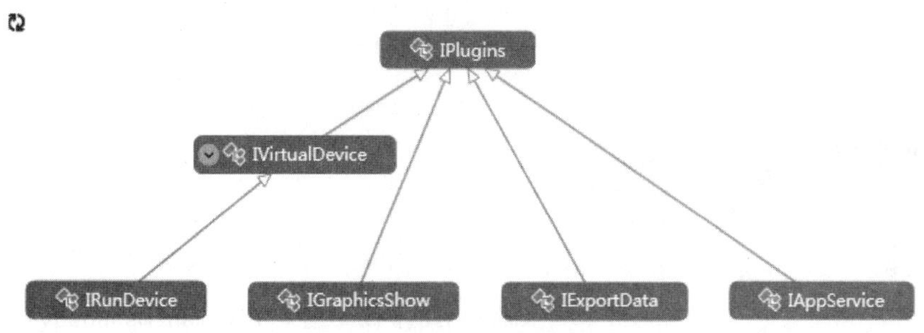

图7-6　重构后的接口继承关系

所有可扩展的接口都继承自一个插件接口，再分出来其他的业务功能接口，类似 C# 中所有实体都继承自 Object。

第8章

CHAPTER 8

总体控制器的设计

有了设备驱动、图形显示接口、数据导出接口和服务组件接口等，就可以在这些接口的基础上构建一个集成各部分的总体控制器，协调各部分有序工作，本章介绍总体控制器的设计方法。

总体控制器负责与宿主程序进行交互，可以这样理解：总体控制器是宿主程序与IO、设备驱动、图形显示接口、数据导出接口和服务组件接口交互的载体，并且是唯一的载体。

总体控制器不是必须的，宿主程序完全可以直接与IO、设备驱动、图形显示接口、数据导出接口和服务组件接口进行交互。但是，为了使结构更清晰、更方便扩展，添加进行总体协调的总体控制器很有必要。

8.1 总体控制器的职能

总体控制器（IDeviceController）的职能包括增加和删除设备、增加数据导出、增加数据显示视图、增加服务、单击服务组件、释放控制器资源等。接口定义如图8-1所示。

名称	类型	修饰符	摘要
方法			
AddAppService	void		增加服务
AddDevice	void		增加设备
AddExportData	void		增加数据导出
AddGraphicsShow	bool		增加数据显示视图
OnClickAppService	void		单击服务组件
ReleaseDeviceController	void		释放控制器资源
RemoveDevice	void		删除设备
<添加方法>			
属性			
<添加属性>			
事件			
AddDeviceCompleted	AddDeviceCompleted		增加设备完成事件
DeleteDeviceCompleted	DeleteDeviceCompleted		删除设备完成事件
<添加事件>			

图8-1 总体控制器接口定义

8.2 组装和释放部件

总体控制器主要负责组装和释放部件服务，DeviceController是总体控制器的实例体类，继承自IDeviceController接口。通过构造函数来完成对总体控制器的初始化，代码如下。

```
/// <summary>
```

```
/// 总体控制器的构造函数
/// </summary>
public DeviceController()
{
    //设备管理实例
    _devList = DeviceManager.GetInstance();
//IO控制器实例
    _ioController = IOControllerManager.GetInstance();
//设备运行器实例
    _runContainer = RunContainerForm.GetRunContainer();
    _runContainer.MouseRightContextMenuHandler += RunContainer_
MouseRightContextMenuHandler;
//视图展示控制器实例
    _dataShowController = new GraphicsShowController();
    //数据导出控制器实例
    _exportController = new ExportDataController();
    //应用服务管理器实例
    _appServiceManager = new AppServiceManager();
}
```

通过 ReleaseDeviceController 接口来完成对总体控制器的资源释放，代码如下。

```
/// <summary>
/// 总体控制器释放资源
/// </summary>
public void ReleaseDeviceController()
{
    _ioController.RemoveAllController();
    _runContainer.RemoveAllDevice();
    _runContainer.MouseRightContextMenuHandler -= RunContainer_
MouseRightContextMenuHandler;
    _exportController.RemoveAll();
    _dataShowController.RemoveAll();
    _appServiceManager.RemoveAll();

    IEnumerator<IRunDevice> devList = _devList.GetEnumerator();
    while (devList.MoveNext())
    {
           devList.Current.ExitDevice();
    }
    _devList.RemoveAllDevice();
}
```

软件退出时释放资源要比软件启动时加载资源复杂得多，这里涉及两个问题：第一，如果资源提前释放，后面代码在执行过程中常常出现无法引用对象资源的情况，所以一定要对实例的可用性进行判断；第二，事务性的线程无法正常退出，会出现软件界面已经关闭，但是后台进程仍在运行的情况。启动和停止总体控制器线程的代码如下。

```
/// <summary>
/// 启动线程函数
/// </summary>
public void StartThead()
{
    if (_RunThread == null || !_RunThread.IsAlive)
    {
            this._IsExit = false;
           // 创建线程实例
            this._RunThread = new Thread(new ThreadStart(RunThead));
            this._RunThread.IsBackground = true; // 该线程为后台线程
            this._RunThread.Name = "RunThread";
            this._RunThread.Start();
    }
}

/// <summary>
/// 运行线程函数
/// </summary>
private void RunThead()
{
     // 退出线程标识
    while (!_IsExit)
    {
// 如果标识为 True，则退出循环，退出线程
            if(_IsExit)
            {
                    break;
            }
            // 事务处理
    }
}

/// <summary>
/// 停止线程函数
/// </summary>
public void StopThead()
{
     // 如果线程不为空，且线程正在运行
    if (this._RunThread != null && this._RunThread.IsAlive)
    {
          // 标识当前线程为可退出线程
```

```
            this._IsExit = true;
        //阻塞调用线程，直到某个线程终止或达到了指定时间为止
            this._RunThread.Join(1000);
            try
            {
//防止线程没有退出时强行终止可能造成的文件损坏
                _RunThread.Abort();
}
            catch
            {
            }
    }
}
```

软件框架采用了统一的线程退出机制，有时无法以协作方式停止线程，在这种情况下，可能需要强制终止其运行。若要强制终止线程的运行，可以在 .NET Framework 框架中使用 Thread.Abort 方法。

8.3 事件响应

增加和删除设备驱动都会对设备的事件进行绑定和解绑，解绑事件不单独展示代码，绑定事件代码如下。

```
//日志事件
dev.DeviceRuningLogHandler += new DeviceRuningLogHandler(DeviceRuningLogHandler);
//更新设备容器事件
dev.UpdateContainerHandler += new UpdateContainerHandler(UpdateContainerHandler);
//设备数据对象改变事件
dev.DeviceObjectChangedHandler += new
DeviceObjectChangedHandler(DeviceObjectChangedHandler);
//接收数据事件
dev.ReceiveDataHandler += new ReceiveDataHandler(ReceiveDataHandler);
//发送数据事件
dev.SendDataHandler += new SendDataHandler(SendDataHandler);
//串口改变事件
dev.COMParameterExchangeHandler += new
COMParameterExchangeHandler(COMParameterExchangeHandler);
//删除设备事件
dev.DeleteDeviceHandler += new DeleteDeviceHandler(DeleteDeviceHandler);
```

COMParameter ExchangeHandler 串口参数改变事件的响应相对复杂，涉及串口控制器的增加和删除问题，代码如下。

```
/// <summary>
/// 串口参数改变事件
/// </summary>
/// <param name="source"> 原对象 </param>
/// <param name="e"> 串口参数改变实例 </param>
private void COMParameterExchangeHandler(object source, COMParameterExchangeArgs
e)
{
    if (e == null)
    {
            return;
    }
     // 获得相应的设备驱动
    IRunDevice dev = this._devList.GetDevice(e.DeviceID.ToString());

    if (dev != null)
    {
            if (dev.CommunicationType == CommunicationType.COM)
            {
                    if (e.OldCOM != e.NewCOM)
                    {
                            // 对旧串口进行处理，获得相应的串口设备驱动的集合
                            IRunDevice[] oldCOMDevList = this._devList.GetDevices(e.
OldCOM.ToString(), CommunicationType.COM);

                            // 检测当前串口设备数量
                            int existCOMCount = 0;
                            for (int i = 0; i < oldCOMDevList.Length; i++)
                            {
                                    if (oldCOMDevList[i].GetHashCode() != dev.
GetHashCode())
                                    {
                                            existCOMCount++;
                                    }
                            }

                    // 该串口没有可用的设备
                            if (existCOMCount <= 0)
                            {
                        // 获得旧串口控制器
                                    IIOController oldCOMController =
IOControllerManager.GetInstance().GetController(SessionCom.FormatKey(e.OldCOM));
```

```
                            if (oldCOMController != null)
                            {
                        // 释放该串口控制器的资源
                                _ioController.
CloseController(oldCOMController.Key);
                            }
                            else
                            {
                                DeviceMonitorLog.WriteLog(e.DeviceName, " 该
设备的串口控制器为空 ");
                            }
                        }

                        // 对新串口进行处理，获得新串口控制器实例
                        bool newCOMControllerExist = IOControllerManager.
GetInstance().ContainController(SessionCom.FormatKey(e.NewCOM));
                        if (!newCOMControllerExist)
                        {
                      // 如果不存在该串口控制器，则创建一个新的串口控制器
                            IIOController newCOMController = _ioController.
BuildController(e.NewCOM.ToString(), e.NewBaud.ToString(), CommunicationType.COM);
                            if (newCOMController != null)
                            {
                        // 启动串口控制器
                                newCOMController.StartService();
                                _ioController.
AddController(newCOMController.Key.ToString(), newCOMController);
                            }
                            else
                            {
                                DeviceMonitorLog.WriteLog(e.DeviceName, " 创
建该设备的串口控制器失败 ");
                            }
                        }

                        DeviceMonitorLog.WriteLog(e.DeviceName, String.Format(" 串
口从 {0} 改为 {1}", e.OldCOM.ToString(), e.NewCOM.ToString()));

                }
                else
                {
                // 如果串口波特率参数不一致
                        if (e.OldBaud != e.NewBaud)
                        {
                      // 获得串口操作实例
```

```
                        ISessionCom comIO = (ISessionCom)SessionComManager.
GetInstance().GetIO(SessionCom.FormatKey(e.OldCOM));
                        if (comIO != null)
                        {
                    //配置波特率参数
                            bool success = comIO.IOSettings(e.NewBaud);
                            if (success)
                            {
                                DeviceMonitorLog.WriteLog(e.
DeviceName, String.Format("串口{0}的波特率从{1}改为{2}成功", e.OldCOM.ToString(),
e.OldBaud.ToString(), e.NewBaud.ToString()));
                            }
                            else
                            {
                                DeviceMonitorLog.WriteLog(e.
DeviceName, String.Format("串口 {0} 的波特率从 {1} 改为 {2} 失败", e.OldCOM.
ToString(), e.OldBaud.ToString(), e.NewBaud.ToString()));
                            }
                        }
                    }
                }
            }
            else
            {
                DeviceMonitorLog.WriteLog(e.DeviceName, "不是串口类型的设备");
            }
        }
    }
```

当关闭显示视图的时候会触发 GraphicsShowClosedHandler 事件，把当前视图从管理器中移除，释放资源；当右击显示视图时会触发 MouseRightContextMenuHandler 事件，调用相应设备的上下文菜单。

第9章

CHAPTER 9

接口和插件设计

本章对接口和插件的相关内容进行整体介绍，在设计宿主程序的时候会用到这些知识，这也是宿主程序与插件交互的核心内容。

9.1 框架的契约——接口

插件式框架的宿主程序启动后，首先会加载相应的配置文件，如设备驱动配置文件等。宿主程序通过配置文件找到相应的插件程序集，这些程序集以 DLL 文件格式存在，框架的宿主程序会找到指定的插件类型，由插件引擎依据插件类型（如 IRunDevice）生成插件实例，由框架的宿主程序的管理器对插件实例进行管理和调度。

一个插件程序集可能包括多个插件类型，那么框架宿主程序如何识别这些插件是否为要加载的插件？每个插件对象都有一个身份标识——接口，这个标识在框架设计中被称为“通信契约”。接口可以被看作是一种定义了必要的方法、属性和事件的集合，因此宿主程序可以通过这种契约来生成具体的实例对象，对其他组件或接口公开可操作的对象。

插件式框架作为一个高聚合、低耦合的平台，它的功能定义与功能实现之间是分离的。符合插件规范的二次开发组件都可以挂载到软件框架，软件框架并不关心这些组件的具体功能。当然，软件框架提供了一些必要的信息、机制来保证这些组件能够正常实现二次开发的功能。

在具有多个逻辑层次的结构中，各层之间的通信大多通过接口实现，接口不会轻易改变，一个层的功能发生变化，不会影响其他层，只要正常实现了接口的组件功能，那么程序的运行就没有问题。这种做法可以将各层之间的相互影响降到最低，使接口在多业务层级中能够更好地解耦。

在大部分功能性的编程和设计工作中，很少需要考虑接口，如果仅仅满足于通过控件在 IDE 上编程和使用 .NET Framework 中一般的类库，可能永远不会在程序中使用接口。

接口是一般行为的定义和契约。接口两个主要作用如下。

（1）定义多个类型都需要的公共的方法和属性。

（2）作为一种不可实例化的类型存在。

类继承接口实现的方法或属性是面向对象编程特性的体现。

9.2 插件的雏形——抽象类

接口与抽象类非常相似，如两者都不能创建一个实例对象，却都可以作为一种契约和定义被使用。但是接口和抽象类有本质的不同，这些不同如下。

（1）接口没有任何实现部分，但是抽象类可以继承接口后实现接口的某些功能。

（2）接口没有字段，但是抽象类可以包含字段。

（3）接口可以被结构继承，但是抽象类不行。

（4）抽象类有构造函数和析构函数，接口没有。

（5）接口仅能继承自接口，而抽象类可以继承自其他类和接口。

（6）接口支持多继承，抽象类仅支持单根继承。

在 MSDN 的相关内容中，给出了如下关于接口与抽象类的建议。

（1）如果预计要创建组件的多个版本，则创建抽象类，抽象类提供了简单易行的方法来控制组件版本。通过更新基类，所有继承类都会自动更新。接口一旦创建就不能更改，如果要更新接口的版本，必须创建一个全新的接口。

（2）如果创建的功能将在大范围的全异对象间使用，则使用接口。抽象类主要用于关系密切的对象，而接口最适合为不相关的类提供通用的功能。

（3）如果要设计小而简练的功能模块，应该使用接口；如果要设计大的功能单元，则应该使用抽象类。

（4）如果要在组件的所有实现间提供通用的已实现功能，应该使用抽象类。抽象类允许有部分实现类，而接口不包含任何成员的实现。

9.3 接口和抽象类的定义及如何实现接口

接口和抽象类都可以作为“通信契约”，为子类提供规范。定义一个接口和抽象类的代码如下。

```
/// <summary>
/// 定义一个接口
/// </summary>
public interface IMyInterface
{
   void Action(int type);
   string Method(int para);
}

/// <summary>
/// 定义一个抽象类
/// </summary>
```

```
public abstract class BaseAbstract:IMyInterface
{
    //继承此类抽象类时必须实现这个方法
    public abstract void Action(int type);

    //实现这个方法
    public string Method(int para)
    {
        return para.ToString();
    }
}
```

继承接口的话，需要实现全部定义的方法或属性，代码如下。

```
/// <summary>
/// 实现接口的函数
/// </summary>
public class MyClass1:IMyInterface
{
    public void Action(int type)
    {
        Console.WriteLine(type.ToString());
    }

    public string Method(int para)
    {
        return para.ToString();
    }
}
```

继承抽象类的话，只需要实现抽象类没有实现的方法或属性，代码如下。

```
/// <summary>
/// 实现抽象类的函数
/// </summary>
public class MyClass2:BaseAbstract
{
    public void Action(int type)    //继承抽象类，只需要实现这个方法
    {
        Console.WriteLine(type.ToString());
    }
}
```

抽象类是特殊的类，只是不能被实例化，它具有类的其他特性。抽象类可以包括抽象方法，这是普通类所不具备的特征。抽象方法只能声明于抽象类，且不包含任何实现，派生类必须覆盖抽象方法。另外，接口和抽象类的相似之处有三点：不能实例化、包含未实现的方法声明、派生类必须

实现未实现的方法。

接口是引用类型的，类似类，和抽象类的相似之处有三点：不能实例化、包含未实现的方法声明、派生类必须实现未实现的方法。

一个类可以直接继承多个接口，但只能直接继承一个类（包括抽象类）。

9.4 反射机制

已经有了任意多个类型插件程序集后，要考虑软件框架如何从程序集中根据类型定义在内存中生成插件对象。

先来回顾一下普通情况下程序引用其他程序集组件的过程。首先，程序需要使用“添加引用”对话框加载程序集；然后，通过 using 关键字引用命名空间；最后，在命令空间下找到相应的类，并创建出来一个实例。这是一种静态加载程序集的方式。

在插件式软件框架中，这种方法并不合适。宿主程序在编译时并不知道它将要处理哪些程序集，更没有办法静态地将插件类型通过 using 关键字引入，这些都是在运行时才能获得的信息。在这样的情况下，需要在运行时获得相关信息并动态加载程序集，这个过程称为反射。

反射是动态发现类型信息的一种能力，它类似后期绑定，帮助开发人员在程序运行时利用程序集信息动态使用类型，这些信息在编译时是未知的。反射还支持更高级的行为，如能在运行时动态创建新类型，并调用这些类型的方法等。

JIT 编译器在将 IL 代码编译成本地代码时，会查看 IL 代码中引用了哪些类型。在运行时，JIT 编译器利用程序集的 TypeRef 和 AssemblyRef 元数据表的记录项来确定哪一个程序集定义了引用的类型。AssemblyRef 元数据记录项中记录了程序集强名称的各个部分，包括名称、版本、公钥标记和语言，这四部分组成了一个字符串标识。JIT 编译器尝试将与这个标识匹配的程序集加载到当前的 AppDomain 中。如果程序集是弱命名的，标识中将只包含名称。

.NET Framework 中，为了实现动态加载，需要熟悉 Assembly、Type 和 Activator 等工具类的方法。

软件框架主要使用了 Assembly 工具类，这个类中包括 Load 方法、LoadFrom 方法和 LoadFile 方法。

1.Assembly 的 Load 方法

在内部 CLR（公共语言运行时）使用 Assembly 的 Load 方法来加载程序集，这个方法与

Win32 的 LoadLibray 等价。Load 方法会使 CLR 对程序集应用一个版本重定向策略，并在 GAC（全局程序集缓存）中查找程序集，如果没有找到，就去应用程序的基目录、私有路径目录和 codebase 指定的位置查找。如果程序集是弱命名，则 Load 不会向程序集应用重定向策略，也不会去 GAC 中查找程序集。如果找到程序集将返回一个 Assembly 的引用，如果没有找到则抛出 FileNotFoundException 异常。注意，如果 Load 方法已经加载了一个相同标识的程序集，则只会简单地返回这个程序集的引用，而不会去创建一个新的程序集。

大多数动态可扩展应用程序中，Assembly 的 Load 方法是程序集加载到 AppDomain 的首选方式。这种方式需要指定程序集的标识字符串，对于弱命名程序集只用指定一个名字。

2. Assembly 的 LoadFrom 方法

当我们知道程序集的路径的场合时，可以使用 LoadFrom 方法，它允许传入一个 Path 字符串。LoadFrom 会先调用 AssemblyName 的静态方法 GetAssemblyName。这个方法可以打开指定的文件，通过 AssemblyRef 元数据表提取程序集的标识，然后关闭文件。随后，LoadFrom 在内部调用 Assembly 的 Load 方法查找程序集。到这里，它的行为和 Load 方法是一致的。唯一不同的是，如果按 Load 方法的方式没有找到程序集，LoadFrom 方法会加载 Path（程序集路径）指定的程序集。另外，Path 可以是 URL。

3.Assembly 的 LoadFile 方法

这个方法乍一看和 LoadFrom 方法很像，但 LoadFile 方法不会在内部调用 Assembly 的 Load 方法，它只会加载指定 Path 的程序集。LoadFile 方法可以从任意路径加载程序集，同一程序集在不同的路径下允许被多次加载，等于多个同名的程序集加载到了 AppDomain，这一点和上面两个方法完全不一样。但是，LoadFile 方法并不会加载程序集的依赖项，也就是不会加载程序集引用的其他程序集，这会导致运行时找不到其他参照 DLL 的异常。要解决这个问题，需要向 AppDomain 的 AssemblyResolve（自动加载程序集事件）进行事件登记，在回调方法中显示加载引用的程序集，代码如下。

```
// 当程序集通过反射加载失败的时候会触发 AssemblyResolve 事件，这里注册 AssemblyResolve 事件的处理函数为 CurrentDomain_AssemblyResolve
AppDomain.CurrentDomain.AssemblyResolve += new ResolveEventHandler(CurrentDomain_
AssemblyResolve);

/// <summary>
/// TypeResolve 事件的处理函数，该函数用来自定义程序集加载逻辑
/// </summary>
/// <param name="sender"> 事件引发源 </param>
/// <param name="args"> 事件参数，从该参数中可以获取加载失败的类型的名称 </param>
```

```
// <returns></returns>
static Assembly CurrentDomain_AssemblyResolve(object sender, ResolveEventArgs args)
{
    if (args.Name != null)
    {
        // 自定义的程序集加载逻辑，插件存储在 plugin 路径下，加载这个路径下的 DLL 程序集作
为 TypeResolve 事件处理函数的返回值
            return Assembly.LoadFrom(string.Format("{0}\\plugin\\{1}.dll",
Application.StartupPath, new AssemblyName(args.Name).Name));
    }
    return null;
}
```

特别注意：要测试 LoadFile 有没有加载引用的 DLL，切不可将 DLL 复制到应用程序的根目录下测试，因为该目录是 CLR 加载程序集的默认目录，这个目录中如果存在引用的 DLL，它会被加载，造成 LoadFile 会加载引用的 DLL 的假象。可以在根目录下新建一个子目录，如 plugin，把引用的 DLL 复制到这里面进行测试。

反射机制也有它的缺点，即安全性和性能不佳。但是，软件框架在启动及增加新设备驱动（插件）的时候需要使用反射，反射设备驱动创建的实例一旦加载到宿主程序中，与静态引用程序集没有本质区别，都是寄存在内存中。

9.5 反射工具类

插件式软件框架使用反射挂载设备驱动，在宿主程序中运行，需要一个专用的工具类来实现相关功能，相关代码如下。

```
/// <summary>
/// 一个轻便的 IObjectBuilder 实现
/// </summary>
public class TypeCreator : IObjectBuilder
{
    /// <summary>
/// 动态创建类实例
/// </summary>
    public T BuildUp<T>() where T : new()
    {
            return Activator.CreateInstance<T>();
    }
```

```
/// <summary>
/// 动态创建类实例
/// </summary>
/// <param name=" typeName">类型名</param>
    public T BuildUp<T>(string typeName)
    {
            return (T)Activator.CreateInstance(Type.GetType(typeName));
    }
/// <summary>
/// 动态创建类实例
/// </summary>
/// <param name=" args ">类型参数</param>
    public T BuildUp<T>(object[] args)
    {
            object result = Activator.CreateInstance(typeof(T),args);
            return (T)result;
    }

    /// <summary>
    /// 软件框架主要使用了这个函数
    /// </summary>
    /// <typeparam name="T">泛型</typeparam>
    /// <param name="assemblyname">程序集路径</param>
    /// <param name="instancename">程序集名称</param>
    /// <returns>泛型实例</returns>
    public T BuildUp<T>(string assemblyname, string instancename)
    {
            if (!System.IO.File.Exists(assemblyname))
            {
                    throw new FileNotFoundException(assemblyname + " 不存在");
            }
        //加载程序集
            System.Reflection.Assembly assmble = System.Reflection.Assembly.LoadFrom
(assemblyname);
            object tmpobj = assmble.CreateInstance(instancename);
            return (T)tmpobj;
    }
/// <summary>
/// 动态创建类实例
/// </summary>
/// <param name=" typeName ">类型名称</param>
/// <param name=" args ">类型参数</param>
    public T BuildUp<T>(string typeName, object[] args)
    {
            object result = Activator.CreateInstance(Type.GetType(typeName), args);
```

```
            return (T)result;
        }
    }
```

CreateInstance 方法通过调用与指定参数匹配程度最高的构造函数，来创建在程序集中定义的类型的实例。 如果未指定任何参数，则调用不带任何参数的构造函数（即无参数的构造函数）。

第10章

CHAPTER 10

宿主程序和配置文件设计

前几章对设备驱动、IO 实例、服务接口和控制器等进行了详细介绍，这些都是软件框架重要的组成部分，是后台服务必要的支撑组件，宿主程序也是软件框架的一部分，作为插件运行的软件框架，宿主程序是人机交互的唯一接口，通过鼠标单击完成各种指令是插件式软件框架最终要实现的功能。

前文有部分内容对宿主程序的整体功能和界面进行了规划和设计，但是没有涉及细节层面，设计宿主程序，涉及 3 方面的内容：界面的实现，就是 UI 布局，涉及少量的代码控制；与插件（设备驱动、图形显示、数据导出和服务组件）进行交互，把需要的插件加载到宿主程序，最终传递给后台服务；与总体控制器接口进行交互，可以理解为与后台服务的支撑组件进行交互，接收宿主程序的输入信息，一般为插件信息、操作响应等。

宿主程序通过配置文件完成加载插件及把已经加载的插件与总体控制器进行交互的操作。当然，宿主程序也可以与其他辅助事务进行交互。

接下来从配置文件开始，介绍宿主程序的开发。

10.1 配置文件设计

加载插件的方式有很多种，如可以通过遍历指定目录下的程序集找到相应的插件接口类型，然后加载到软件框架，现在很多软件都采用这种方式。但是这种方式有些“暴力”，所以我们采用一种更友好的方式：通过配置文件加载插件。这种方式会把二次开发好的插件信息配置到相应的文件中，只有在插件信息“合法”的情况下才会根据配置信息将插件加载到软件框架中。

这种方法需要对配置文件进行设计，思考以什么样的文件格式保存信息，以及都要保存哪些信息。

配置文件的格式为 XML，对 .NET Framework 的 System.Configuration.Configuration 工具类进行二次封装。先定义一个接口，对操作配置文件进行规范，接口定义如图 10-1 所示。

方法		
Load	void	加载XML函数，创建该实例类后必须调用该函数
Save	void	保有操作
<添加方法>		
属性		
Configuration	Configuration	XML配制文件的实例，没有提供的方法，可以使用属性实例
DirectoryPath	string	当前配制文件所在的目录路径
ExeConfigFilename	string	配制文件路径

图10-1　配置文件操作接口定义

配置文件保存什么样的信息，取决于应用过程中所需要的信息，不同的插件可能用到的配置信息不一样。那么先定义一个基础的配置信息，包括插件文件路径、实例类信息（命令空间和类名）、标题和备注等，通过反射工具类加载插件。配置插件的属性信息如图 10-2 所示。

◢ 方法			
▷ Section		public	
<添加方法>			
◢ 属性			
Caption	string	public	显示标题
Instance	string	public	插件命名空间和类
Name	string	public	插件文件名称
Note	string	public	标注
<添加属性>			

图10-2　配置插件的属性信息

配制插件驱动的文件格式的代码如下。

```
<?xml version="1.0" encoding="utf-8"?>
<configuration>
    <configSections>
        <sectionGroup name="AssemblyDeviceSectionGroup" type="SuperIO.
DeviceConfiguration.AssemblyDevice.AssemblyDeviceSectionGroup, SuperIO,
Version=1.0.0.0, Culture=neutral, PublicKeyToken=null" >
        </sectionGroup>
      <sectionGroup name="CurrentDeviceSectionGroup" type="SuperIO.
DeviceConfiguration.CurrentDevice.CurrentDeviceSectionGroup, SuperIO,
Version=1.0.0.0, Culture=neutral, PublicKeyToken=null" >
      </sectionGroup>
    </configSections>
    <AssemblyDeviceSectionGroup>
    </AssemblyDeviceSectionGroup>
    <CurrentDeviceSectionGroup>
    </CurrentDeviceSectionGroup>
</configuration>
```

10.2　加载设备驱动

设备驱动的配置文件与基础配置文件不一样，主要涉及两部分：可挂载的设备驱动信息和已经挂载到软件框架的驱动信息。

可挂载的设备驱动信息在 AssemblyDeviceSectionGroup 配置组中进行配置，当挂载新的设备驱动时，就会从这个配置组中加载信息，以便操作人员进行选择。配置组下的设备驱动配置信息如图 10-3 所示。

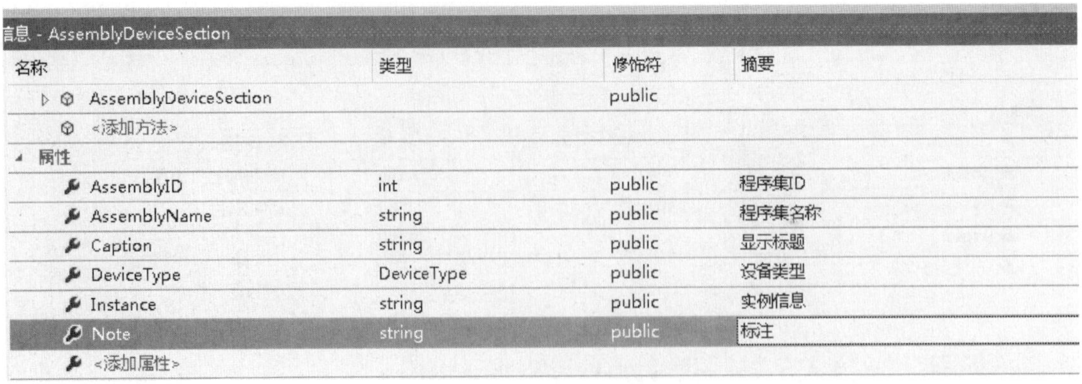

信息 - AssemblyDeviceSection

名称	类型	修饰符	摘要
AssemblyDeviceSection		public	
<添加方法>			
属性			
AssemblyID	int	public	程序集ID
AssemblyName	string	public	程序集名称
Caption	string	public	显示标题
DeviceType	DeviceType	public	设备类型
Instance	string	public	实例信息
Note	string	public	标注
<添加属性>			

图10-3　设备驱动配置信息

增加设备驱动时会从配置文件中读取程序集信息，如图 10-4 所示。

增加设备窗体

设备类型：普通设备
设备模块：NO
通讯类型：NET
设备地址：0
设备名称：Device0
远程IP：127.0.0.1
远程端口：4001
增加设备　取 消

图10-4　增加设备驱动

触发增加设备事件的时候，会创建新的设备驱动，代码如下。

```
/// <summary>
/// 创建新的设备驱动
/// </summary>
/// <param name=" devid">设备 ID</param>
/// <param name=" devaddr">设备地址 </param>
/// <param name=" devname">设备名称 </param>
/// <param name=" assemblyid">设备驱动 ID</param>
/// <param name=" assemblyname">设备驱动名称 </param>
/// <param name=" instance">设备驱动实例名称 </param>
/// <param name=" type">通信类型 </param>
/// <param name=" devType">设备类型 </param>
/// <param name=" iopara1">通信参数 1</param>
```

```
/// <param name=" iopara2">通信参数 2</param>
public static IRunDevice CreateDeviceInstance(int devid, int devaddr, string
devname, int assemblyid, string assemblyname, string instance, CommunicationType
type, DeviceType devType, object iopara1, object iopara2)
{
    IObjectBuilder builder = new TypeCreator();
     //反射实例化设备驱动
    IRunDevice dev = builder.BuildUp<IRunDevice>(Application.StartupPath + "\\
SuperIO\\DeviceConfig\\" + assemblyname, instance);
    dev.DeviceParameter.DeviceAddr = devaddr;
    dev.DeviceParameter.DeviceName = devname;
    dev.DeviceRealTimeData.DeviceName = devname;
    if (type == CommunicationType.COM)
    {
            dev.DeviceParameter.COM.Port = (int)iopara1;
            dev.DeviceParameter.COM.Baud = (int)iopara2;
    }
    else if (type == CommunicationType.NET)
    {
            dev.DeviceParameter.NET.RemoteIP = (string)iopara1;
            dev.DeviceParameter.NET.RemotePort = (int)iopara2;
    }
    dev.IsRegLicense = true;
    dev.CommunicationType = type;
    dev.UserLevel = UserLevel.High;
     //初始化设备
    dev.InitDevice(devid);
    if (!Device.DebugDevice.IsDebug)
    {
            //--------------------把设备信息配置到文件中------------------------//
            CurrentDeviceSection section = new CurrentDeviceSection();
            section.DeviceID = dev.DeviceParameter.DeviceID;
            section.AssemblyID = assemblyid;
            section.X = 0;
            section.Y = 0;
            section.Note = String.Empty;
            section.CommunicateType = dev.CommunicationType;
            DeviceAssembly.AddDeviceToXml(section);
            //------------------------------------------------------------------------
-----//
    }
    return dev;
}
```

已经挂载到软件框架的驱动信息在 CurrentDeviceSectionGroup 配置组中进行配置，对于已经挂载的设备驱动，在下次启动软件框架的时候要自动把这些设备驱动挂载到平台下运行，当发生删除设备驱动事件时则从该配置组中删除相关信息。设置通信类型可改变设备驱动的通信模式。配置组中的设备驱动配置信息如图 10-5 所示。

名称	类型	修饰符	摘要
方法			
CurrentDeviceSection		public	
<添加方法>			
属性			
AssemblyID	int	public	程序集ID
CommunicateType	CommunicationType	public	通讯类型
DeviceID	int	public	设备ID
Note	string	public	标注
X	int	public	X坐标，暂时不用
Y	int	public	Y坐标，暂时不用

图10-5　配置组中的设备驱动配置信息

下次启动软件框架时会从这个配置组加载及实例化设备驱动，挂载到软件框架下运行设备驱动实例，在宿主程序中显示设备驱动实例的实时运行状态。加载设备驱动的代码如下。

```
/// <summary>
/// 从配置文件中加载设备驱动
/// </summary>
public static List<IRunDevice> LoadDevicesFromXml()
{
   List<IRunDevice> list = new List<IRunDevice>();
   CurrentDeviceSectionGroup curgroup = (CurrentDeviceSectionGroup)_Source.
Configuration.GetSectionGroup("CurrentDeviceSectionGroup");
   if (curgroup == null)
   {
          throw new NullReferenceException(" 获得当前设备配置信息为空 ");
   }
   AssemblyDeviceSectionGroup asmgroup = (AssemblyDeviceSectionGroup)_Source.
Configuration.GetSectionGroup("AssemblyDeviceSectionGroup");
   if (asmgroup == null)
   {
          throw new NullReferenceException(" 获得设备程序集信息为空 ");
   }
   IObjectBuilder creator = new TypeCreator();
   for (int i = 0; i < curgroup.Sections.Count; i++)
   {
          CurrentDeviceSection cursect = (CurrentDeviceSection)curgroup.
Sections[i];
          if (cursect.AssemblyID >= 0)
          {
```

```
                for (int j = 0; j < asmgroup.Sections.Count; j++)
                {
                        AssemblyDeviceSection asmsect = (AssemblyDeviceSection)
asmgroup.Sections[j];
                        if (cursect.AssemblyID == asmsect.AssemblyID)
                        {
                                string assemblypath = Application.StartupPath +
"\\SuperIO\\DeviceConfig\\" + asmsect.AssemblyName;
                                IRunDevice dev = creator.
BuildUp<IRunDevice>(assemblypath, asmsect.Instance);
                                dev.InitDevice(cursect.DeviceID);
                                dev.CommunicationType = cursect.CommunicateType;
                                list.Add(dev);
                                break;
                        }
                }
        }
    }
    return list;
}
```

设备驱动配置文件代码如下。

```
<?xml version="1.0" encoding="utf-8"?>
<configuration>
    <configSections>
        <sectionGroup name="AsseblyDeviceSectionGroup" type="SuperIO.
DeviceConfiguration.AssemblyDevice.AssemblyDeviceSectionGroup, SuperIO,
Version=1.0.0.0, Culture=neutral, PublicKeyToken=null" >
            <section name=" 串口 0" type=" SuperIO.DeviceConfiguration.
AssemblyDevice.AssemblyDeviceSection, SuperIO, Version=1.0.0.0, Culture=neutral,
PublicKeyToken=null" />
        </sectionGroup>
      <sectionGroup name="CurrentDeviceSectionGroup" type=" SuperIO.
DeviceConfiguration.CurrentDevice.CurrentDeviceSectionGroup, SuperIO,
Version=1.0.0.0, Culture=neutral, PublicKeyToken=null" >
      </sectionGroup>
    </configSections>
    <AsseblyDeviceSectionGroup>
        < 串口 0 AssemblyID="0" AssemblyName="S_FBPDC.dll" Caption=" 电子秤下位机 "
            CommunicateType="COM" DeviceType=" 电子秤 " Instance="S_FBPDC.FBPDC"
Note="" />
    </AsseblyDeviceSectionGroup>
</configuration>
```

10.3 加载界面视图

组态软件通过图形和 UI 引擎来支持图形数字化显示，允许二次开发者通过拖曳 UI 组件进行图形化设计，以及将 UI 组件的属性与 IO 变量进行关联来显示数据信息。

考虑到开发成本和人力成本，框架没有用组态软件的方式实现图形化显示，但是自定义图形化 UI 显示部分必须实现，以满足不同用户、不同应用场景的个性化需求。

框架是通过事件和接口来实现自定义图形显示的。设备驱动对数据进行打包，打包后的数据可能是字符串（数组）、类对象、字节数组等，通过调用事件（OnDeviceObjectChangedHandler）把打包后的数据以对象的形式传递给图形显示接口（IGraphicsShow），再反向解析数据信息，将其显示在不同的 UI 组件上。

二次开发者可以继承图形显示接口（IGraphicsShow），独立开发一个组件（DLL），并且挂载到配置文件中，当鼠标单击菜单的图形显示项时自动以插件的形式加载 DLL，并以标签页的形式显示图形界面。

加载界面视图的整个过程涉及配置文件、加载视图菜单、单击事件显示视图等。配置文件与基础配置文件一样，其代码如下。

```
<?xml version="1.0" encoding="utf-8"?>
<configuration>
    <configSections>
        <sectionGroup name=" 界面视图 " type="SuperIO.ShowConfiguration.
ShowSectionGroup, SuperIO, Version=1.0.0.57, Culture=neutral, PublicKeyToken=null"
>
            <section name="Show 数据显示视图 " type="SuperIO.ShowConfiguration.
ShowSection, SuperIO, Version=2.2.4.0, Culture=neutral, PublicKeyToken=null" />
            <section name="Show 数据显示视图 " type="SuperIO.ShowConfiguration.
ShowSection, SuperIO, Version=2.2.4.0, Culture=neutral, PublicKeyToken=null" />
        </sectionGroup>
    </configSections>
    < 界面视图 >
        <Show 数据显示视图 Name="G_GraphicsShow.dll" Instance="G_GraphicsShow.
GSafetyGraphicsShow" Caption="GSafety Data View" Note="" />
        <Show 数据显示视图 Name="G_GraphicsShow.dll" Instance="G_GraphicsShow.
GraphicsShow" Caption="Data View" Note="" />
    </ 界面视图 >
</configuration>
```

软件框架启动时会自动加载配置文件，显示在界面视图的菜单中，加载配置文件的代码如下。

```
/// <summary>
/// 从配置文件中加载视图展示
/// </summary>
private void LoadShowView()
{
    IConfigurationSource source = new SuperIO.ShowConfiguration.
ShowConfigurationSource();
    source.Load();
    for (int i = 0; i < source.Configuration.SectionGroups.Count; i++)
    {
            if (source.Configuration.SectionGroups[i].GetType() == typeof(SuperIO.
ShowConfiguration.ShowSectionGroup))
            {
                    SuperIO.ShowConfiguration.ShowSectionGroup group = (SuperIO.
ShowConfiguration.ShowSectionGroup)source.Configuration.SectionGroups[i];
                    Font font = new Font("Tahoma", 12);

                    SuperIO.ShowConfiguration.ShowSection section=null;
                    for (int j = 0; j < group.Sections.Count; j++)
                    {
                            section = (SuperIO.ShowConfiguration.ShowSection)group.
Sections[j];
                            BarButtonItem bt = new BarButtonItem(this.barManager1,
section.Caption);
                            bt.ItemAppearance.SetFont(font);
                            bt.Tag = section.Name + "," + section.Instance + "," +
section.Caption;
                            bt.ItemClick += new ItemClickEventHandler(ViewItem_
ItemClick);
                            barGraphicsView.AddItem(bt);
                    }
                    break;
            }
    }
}
```

鼠标单击菜单项时会触发 ViewItem_ItemClick 函数，并加载、显示视图界面，定义的代码如下。

```
/// <summary>
/// 单击菜单项的事件响应
/// </summary>
private void ViewItem_ItemClick(object sender, ItemClickEventArgs e)
{
    try
    {
            string[] arr = e.Item.Tag.ToString().Split(',');
```

```
            SuperIO.ShowConfiguration.ShowConfigurationSource source = new SuperIO.
ShowConfiguration.ShowConfigurationSource();
            IObjectBuilder builder = new TypeCreator();
            Form form = builder.BuildUp<Form>(Application.StartupPath + "\\SuperIO\\
ShowConfig\\" + arr[0], arr[1]);
            if (this._DeviceController.AddGraphicsShow((IGraphicsShow)form))
            {
                    form.Text = arr[2].ToString();
                    form.MdiParent = this;
                    form.Show();
            }
            else
            {
                    form.Dispose();
            }
    }
    catch (System.Exception ex)
    {
            MessageBox.Show(ex.Message);
    }
}
```

在这个过程中有一个问题，就是多次单击同一个菜单视图项时，不能多次显示同一个界面视图窗体，这种效果用到了 _DeviceController.AddGraphics Show((IGraphicsShow)form) 函数，其代码如下。

```
/// <summary>
/// 增加界面视图函数
/// </summary>
public bool AddGraphicsShow(IGraphicsShow graphicsShow)
{
    if (!_dataShowController.Contain(graphicsShow.ThisKey))
    {
            _dataShowController.Add(graphicsShow.ThisKey, graphicsShow);
        // 绑定右击事件
            graphicsShow.MouseRightContextMenuHandler += new
MouseRightContextMenuHandler(RunContainer_MouseRightContextMenuHandler);
        // 绑定关闭事件
            graphicsShow.GraphicsShowClosedHandler+=new GraphicsShowClosedHandler
(GraphicsShow_GraphicsShowClosedHandler);
            DeviceMonitorLog.WriteLog(String.Format("<{0}> 显示视图已经打开 ",
graphicsShow.ThisName));
            return true;
    }
    else
```

```
    {
            DeviceMonitorLog.WriteLog(String.Format("<{0}> 显示视图已经存在 ",
graphicsShow.ThisName));
            return false;
    }
}
```

增加一个视图实例要绑定它的右击事件和关闭事件，以便在操作的过程给出相应的反馈。

10.4 数据导出

一般情况下用不到数据导出插件接口，但是在实际应用中会有多种数据格式进行交互的场景，例如，*N* 个厂家要集成自己的数据信息，但是规定的数据格式不一样，又迫于用户的需求不得不配合工作，此时就可以用数据导出插件来完成。

有人会质疑：这样的功能不能在设备驱动和显示视图中完成吗？当然可以，但是，我们不想在稳定的设备驱动和显示视图模块中随意增加代码。设备驱动在软件框架中是可变的因子，但是数据导出又是相对稳定的部分，所以把数据导出功能解耦，单独设计成插件。

这部分功能设计得比较简单，也是通过配置文件的方式挂载插件，每次启动软件框架都会把配置文件中的数据导出插件挂载进来，直到软件框架退出。也就是说，挂载相应的插件就有相应的导出数据功能，不挂载插件就无法使用该功能。

配置文件与基础配置文件一样，其代码如下。

```
<?xml version="1.0" encoding="utf-8"?>
<configuration>
    <configSections>
        <sectionGroup name="Export" type="SuperIO.ExportConfiguration.
ExportSectionGroup, SuperIO, Version=1.0.0.0, Culture=neutral, PublicKeyToken=null"
>
        </sectionGroup>
    </configSections>
</configuration>
```

加载导出数据插件的代码如下。

```
/// <summary>
/// 从配置文件中加载导出数据插件
/// </summary>
public static List<IExportData> GetExportInstances()
```

```
{
    List<IExportData> exportlist = new List<IExportData>();
    ExportConfigurationSource source = new ExportConfigurationSource();
    source.Load();

    ExportSectionGroup group = (ExportSectionGroup)source.Configuration.
GetSectionGroup("Export");

    if (group == null)
    {
            throw new NullReferenceException(" 获得导出程序集信息为空 ");
    }

    IObjectBuilder builder = new TypeCreator();
    foreach (ExportSection section in group.Sections)
    {
            IExportData export = builder.BuildUp<IExportData>(Application.
StartupPath+ "\\SuperIO\\ExportConfig\\" + section.Name, section.Instance);
            exportlist.Add(export);
    }
    return exportlist;
}
```

10.5 加载服务组件

设备驱动只负责与硬件设备进行交互，不能把事务性的服务加到设备驱动中，否则可能会影响数据的正常交互；界面视图只负责对采集来的数据进行实时显示，不能把事务性的服务加到界面视图，否则会影响人机交互的体验；数据导出只负责对数据进行格式化并导出到相应的介质，不能把事务性的服务加到数据导出中，否则数据导出将不具备功能界面的交互能力。

服务组件针对特殊的事务性服务场景，其加载过程与界面视图的加载过程类似，配置文件与基础配置文件一样，其代码如下。

```
<?xml version="1.0" encoding="utf-8"?>
<configuration>
    <configSections>
        <sectionGroup name="Services" type="SuperIO.ServicesConfiguration.
ServicesSectionGroup, SuperIO, Version=1.0.0.0, Culture=neutral,
PublicKeyToken=null" >
```

```
            <section name="Service 接收数据服务 " type="SuperIO.ServicesConfiguration.
ServicesSection, SuperIO, Version=2.2.5.0, Culture=neutral, PublicKeyToken=null"
/>
            <section name="Service 上传数据服务 " type="SuperIO.ServicesConfiguration.
ServicesSection, SuperIO, Version=2.2.5.0, Culture=neutral, PublicKeyToken=null"
/>
        </sectionGroup>
    </configSections>
    <Services>
        <Service 接收数据服务 ServiceType="Show" IsAutoStart="true" Name="G_
ServerService.dll" Instance="G_ServerService.ServerService" Caption=" 接收数据服务 "
Note="" />
        <Service 上传数据服务 ServiceType="Show" IsAutoStart="true" Name="G_
ClientService.dll" Instance="G_ClientService.ClientService" Caption=" 上传数据服务 "
Note="" />
    </Services>
</configuration>
```

软件框架启动时会自动加载配置文件，将其显示在服务的菜单中，加载配置文件的代码如下。

```
/// <summary>
/// 从配置文件中加载服务插件实例
/// </summary>
private void LoadServices()
{
   IConfigurationSource source = new SuperIO.ServicesConfiguration.
ServicesConfigurationSource();
   source.Load();

   List<IAppService> serviceList = new List<IAppService>();
   for (int i = 0; i < source.Configuration.SectionGroups.Count; i++)
   {
          if (source.Configuration.SectionGroups[i].GetType() == typeof(SuperIO.
ServicesConfiguration.ServicesSectionGroup))
          {
                 IObjectBuilder builder = new TypeCreator();
                 SuperIO.ServicesConfiguration.ServicesSectionGroup group
= (SuperIO.ServicesConfiguration.ServicesSectionGroup)source.Configuration.
SectionGroups[i];
                 Font font = new Font("Tahoma", 12);
                 SuperIO.ServicesConfiguration.ServicesSection section=null;

                 for (int j = 0; j < group.Sections.Count; j++)
                 {
                        section = (SuperIO.ServicesConfiguration.ServicesSection)
group.Sections[j];
```

```
                        IAppService appService = builder.
BuildUp<IAppService>(Application.StartupPath + "\\SuperIO\\ServicesConfig\\" +
section.Name, section.Instance);
                        appService.ServiceType = section.ServiceType;
                        appService.IsAutoStart = section.IsAutoStart;
                        serviceList.Add (appService);

                        if (section.ServiceType == ServiceType.Show)
                        {
                               BarButtonItem bt = new BarButtonItem(this.
barManager1, section.Caption);
                               bt.ItemAppearance.SetFont(font);

                               bt.Tag = appService.ThisKey;

                               bt.ItemClick += new
ItemClickEventHandler(ServiceItem_ItemClick);

                               barServices.AddItem(bt);
                        }
                 }

                 break;
          }
   }

   _DeviceController.AddAppService(serviceList);
}
```

_DeviceController.AddAppService(serviceList) 函数会把服务插件的实例增加到控制器，代码如下。

```
/// <summary>
/// 增加服务实例到控制器
/// </summary>
public void AddAppService(List<IAppService> serviceList)
{
   foreach (IAppService service in serviceList)
   {
          if (!_appServiceManager.Contain(service.ThisKey))
          {
                 service.WriteLogHandler += new WriteLogHandler(Service_
WriteLogHandler);
                 if (service.IsAutoStart)
                 {
                        service.StartService();
```

```
                }
                _appServiceManager.Add(service.ThisKey, service);
                DeviceMonitorLog.WriteLog(String.Format("<{0}> 应用服务已经打开 ",
service.ThisName));
            }
            else
            {
                DeviceMonitorLog.WriteLog(String.Format("<{0}> 应用服务已经存在 ",
service.ThisName));
            }
    }
}
```

单击菜单服务项时会调用 ServiceItem_ItemClick 函数及服务组件的单击事件函数，代码如下。

```
/// <summary>
/// 单击菜单服务项调用服务实例后，触发服务的单击事件函数，可以调用配置窗体等
/// </summary>
public void OnClickAppService(string key)
{
        IAppService service = _appServiceManager.Get(key);
        if (service != null)
        {
            service.OnClick();
        }
}
```

可以在服务的 OnClick 函数中显示上下文菜单或窗体界面，以便用于多功能操作或参数配置等业务。

10.6 配置工具的应用

手动对软件框架的配置文件进行修改时，错误操作会影响配置文件的格式，这时可以写一个配置工具“ConfigTool.exe”，对软件框架的全局参数和驱动信息进行挂载、删除等操作，配置内容如图 10-6 所示。

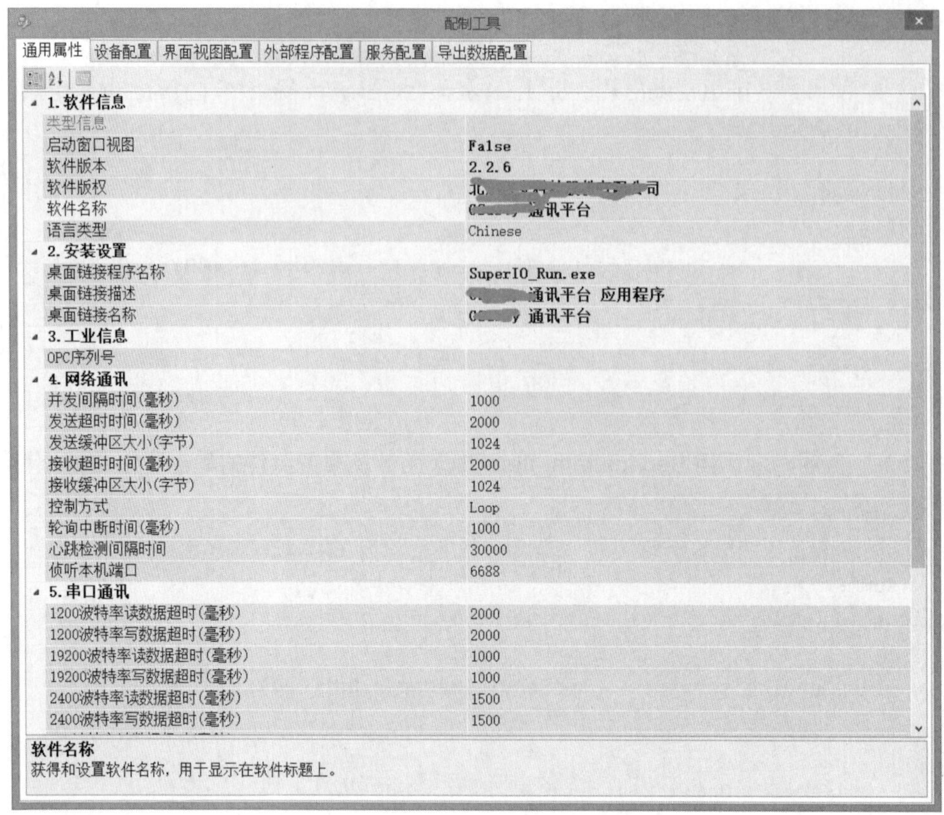

图10-6　ConfigTool.exe配置内容

10.7　全局异常监测

软件框架的稳定性始终是重中之重，在运行过程中可能出现一些未知异常信息，这些异常无法用已经存在的 try…catch…来捕捉。所以在启动软件框架的时候增加了 ThreadException 事件和 UnhandledException 事件对未知异常进行捕捉，并对事件中的异常信息进行详细记录。

ThreadException 事件允许 Windows 窗体应用程序处理 Windows 窗体线程中所发生的其他未经处理的异常。建议将事件处理程序附加到 ThreadException 事件以处理这些异常，因为这些异常将使应用程序处于未知状态，同时尽可能使用结构化异常处理块来处理异常。

UnhandledException 事件提供未捕获到的异常的通知，使应用程序能在系统默认的处理程序中向用户报告异常并在应用程序关闭之前记录有关异常信息。如果有足够的与应用程序状态相关的信息，则可以采取其他措施，如保存程序数据以便以后进行恢复。

异常监测应用的代码如下。

```
/// <summary>
/// 异常监测操作管理类
/// </summary>
public class MonitorException
{
   [SecurityPermission(SecurityAction.Demand, Flags = SecurityPermissionFlag.
ControlAppDomain)]
   public static void Monitor()
   {
          //绑定线程异常监测事件
           Application.ThreadException += new
ThreadExceptionEventHandler(MainThreadException);
         //绑定当前域异常监测事件
           AppDomain.CurrentDomain.UnhandledException += new
UnhandledExceptionEventHandler(CurrentDomain_UnhandledException);
   }

   public static void UnMonitor()
   {
          //解除绑定线程异常监测事件
           Application.ThreadException -= new
ThreadExceptionEventHandler(MainThreadException);
//解除绑定当前域异常监测事件
           AppDomain.CurrentDomain.UnhandledException -= new
UnhandledExceptionEventHandler(CurrentDomain_UnhandledException);
   }

    /// <summary>
/// 线程异常处理函数
/// </summary>
   private static void MainThreadException(object sender, ThreadExceptionEventArgs
e)
   {
           try
           {
                   ShowException(e.Exception);
           }
           catch(Exception ex)
           {
                   GeneralLog.WriteLog(ex);
           }
   }
```

```
    /// <summary>
/// 当前域异常监测处理函数
/// </summary>
   private static void CurrentDomain_UnhandledException(object sender,
UnhandledExceptionEventArgs e)
   {
          ShowException((Exception)e.ExceptionObject);
   }

    /// <summary>
/// 写日志操作
/// </summary>
   private static void ShowException(Exception ex)
   {
          GeneralLog.WriteLog(ex);
   }
}
```

因为这是一个静态事件，所以释放应用程序时必须分离事件处理程序，否则会导致内存泄漏。

第11章

CHAPTER 11

调试器设计

软件框架设计及开发完成后，把代码编译成程序集（DLL），二次开发需要引用 DLL。创建的类继承和实现接口可以实现驱动和插件的二次开发，框架的核心代码一般不会轻易改变。

二次开发的驱动需要验证驱动的通信机制、数据解析、数据处理流程和其他功能，所以框架应该具备 Debug 模式，在 Debug 模式下调试驱动的源代码，这就涉及调试器设计的相关内容。

调试驱动的源代码的过程中，框架不会加载配置文件，避免重复加载驱动造成框架内部冲突。

基于实际应用需要，软件框架中增加了调试器的功能。这块代码的实现不复杂，但是在软件框架的体系中这是必要的一部分。

调试器需要定义一个通用的接口，框架通过接口函数加载二次开发的驱动，通过代码断点调试二次开发组件的代码。

11.1 调试接口

IDebugDevice 接口定义了 4 个调试接口函数，主要用于对设备驱动、图形显示插件、数据导出插件和服务插件进行源代码调试。接口定义如图 11-1 所示。

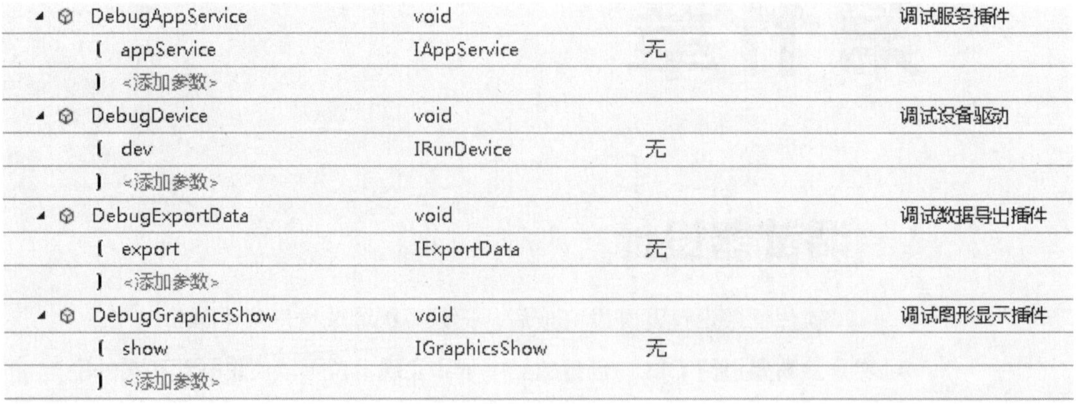

DebugAppService	void		调试服务插件
(appService	IAppService	无	
) <添加参数>			
DebugDevice	void		调试设备驱动
(dev	IRunDevice	无	
) <添加参数>			
DebugExportData	void		调试数据导出插件
(export	IExportData	无	
) <添加参数>			
DebugGraphicsShow	void		调试图形显示插件
(show	IGraphicsShow	无	
) <添加参数>			

图11-1 调试接口定义

11.2 界面方式调试

二次开发者可以继承 SuperIO.UI.MainForm 窗体类来创建自己的宿主程序，在此基础上可以进行扩展。SuperIO.UI.MainForm 类本身继承了 IDebugDevice 接口，每个调试接口都可以实现。实现调试接口本质上是对控制器（SuperIO.DeviceController）的操作，接口实现代码如下。

```
/// <summary>
/// 调试设备，传入接口
```

```
/// </summary>
/// <param name="dev"> 设备驱动实例 </param>
public void DebugDevice(IRunDevice dev)
{
   this._DeviceController.AddDevice(dev);
}

/// <summary>
/// 调试视图窗体，该窗体必须继承 SuperIO.Show.IRTDataShow 接口
/// </summary>
/// <param name="rtdataform"> 视图实例对象 </param>
public void DebugGraphicsShow(SuperIO.Show.IGraphicsShow show)
{
   if (show is System.Windows.Forms.Form)
   {
          System.Windows.Forms.Form from = show as System.Windows.Forms.Form;
          from.MdiParent = this;
          from.Show();
          this._DeviceController.AddGraphicsShow(show);
   }
   else
   {
          MessageBox.Show(" 实现 IGraphicsShow 的同时，实例必须是 Form 类型 ");
   }
}

/// <summary>
/// 调试导出数据接口，该接口必须继承 SuperIO.MiddleData.IExportData
/// </summary>
/// <param name="export"></param>
public void DebugExportData(IExportData export)
{
   this._DeviceController.AddExportData(new List<IExportData>(new IExportData[] {
export }));
}

/// <summary>
/// 应用服务调度接口，该接口必须继承 SuperIOServiceIAppService
/// </summary>
/// <param name="appService"> 服务插件实例 </param>
public void DebugAppService(IAppService appService)
{
   if (appService.ServiceType == ServiceType.Show)
   {
          BarButtonItem bt = new BarButtonItem(this.barManager1, appService.
```

```
ThisName);
            Font font = new Font("Tahoma", 12);
            bt.ItemAppearance.SetFont(font);
            bt.Tag = appService.ThisKey;
            bt.ItemClick += new ItemClickEventHandler(ServiceItem_ItemClick);
            barServices.AddItem(bt);
    }

    _DeviceController.AddAppService(new List<IAppService>(new IAppService[]
{appService}));
}
```

界面方式的调试需要与配置文件进行交互，所以需要设置当前是否处于调试模式，可以通过 SuperIO.Device.DebugDevice 静态类的 IsDebug 属性进行标识。建议使用这种方式对二次开发的插件进行调试。

11.3 命令行方式调试

通过控制台，以命令行方式对二次开发的插件进行调试，实际上就是 SuperIO.Device.DebugDevice 静态类用单例的模式创建了 SuperIO.UI.MainForm 窗体实例，返回了 IDebugDevice 接口实例。简单的驱动和插件调试工作可以采用这种调试模式，快捷高效。代码如下。

```
amespace SuperIO.Device
{
/// <summary>
/// 控制台命令行调试设备驱动操作类
/// </summary>
    public class DebugDevice
    {
        private static object _LockObj = new object();
        private static SuperIO.Device.IDebugDevice _DebugInstance = null;
        /// <summary>
        /// 获得调试设备实例
        /// </summary>
        /// <returns></returns>
        public static SuperIO.Device.IDebugDevice GetDebugInstance()
        {
            if (_DebugInstance == null)
            {
```

```
                lock (_LockObj)
                {
                    if (_DebugInstance == null)
                    {
                        _DebugInstance = (new SuperIO.UI.MainForm()) as SuperIO.
Device.IDebugDevice;
                    }
                }
            }
            return _DebugInstance;
        }

        private static bool _IsDebug = false;
        /// <summary>
        /// 是否为调试模式，如果不是，则不调用配置文件的信息
        /// </summary>
        public static bool IsDebug
        {
            get { return _IsDebug; }
            set { _IsDebug = value; }
        }
    }
}
```

使用这种调试模式，不需要将 SuperIO.Device.DebugDevice 属性设置为调试模式。

第12章

CHAPTER 12

设备驱动二次开发及应用

支持二次开发是框架的重要特点，作为设计者或架构师，能使自己的作品被广泛使用是一件很荣幸的事。通过二次开发可以构建不同类型的设备驱动，适配物联网各类设备数据交互的要求。

本章主要介绍如何利用框架进行二次开发，开发流程如图 12-1 所示。

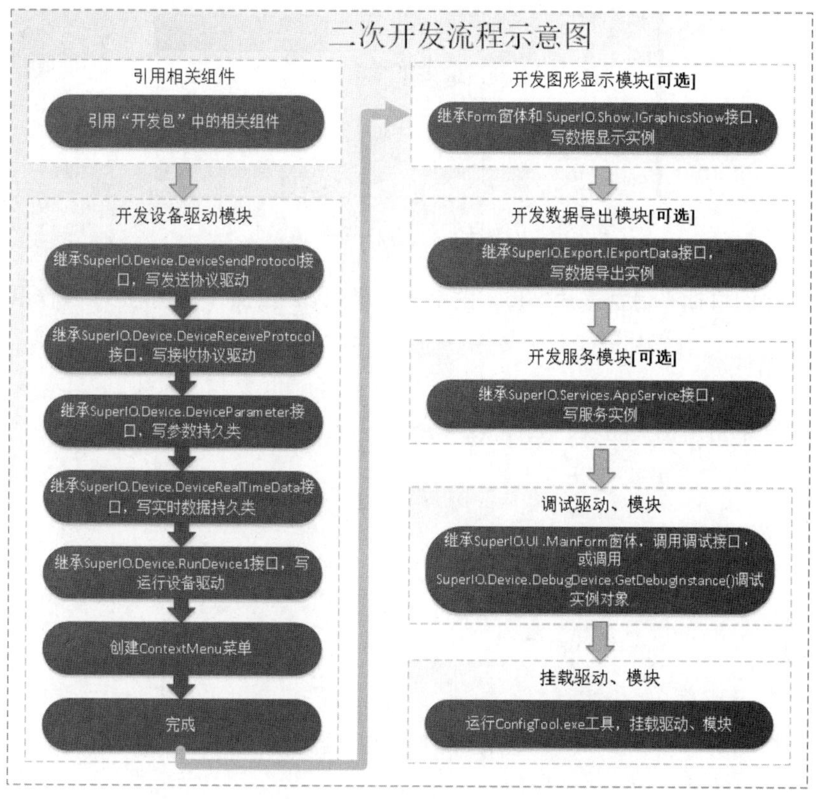

图12-1　二次开发流程

1. 项目配制

（1）新建项目，目标框架选择 .NET Framework4.0，如图 12-2 所示。

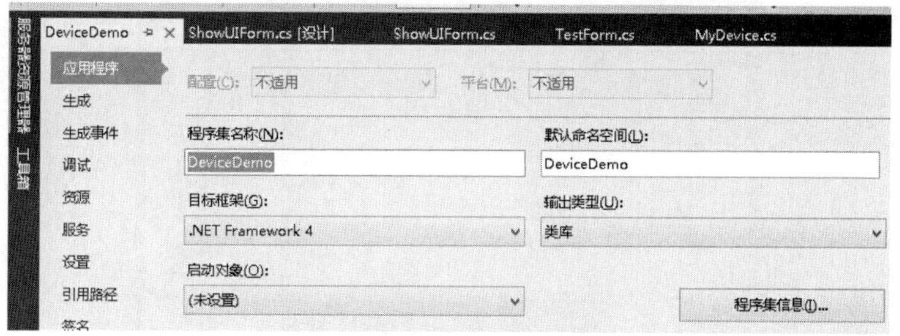

图12-2　框架选择

（2）设置的目标平台为 x86，如图 12-3 所示。

图12-3　目标平台

所有示例程序的目标平台都采用 x86，主要是考虑到 32 位操作系统与 64 操作系统的兼容性。

2. 引用相关组件

在“开发包”中引用相关组件，如图 12-4 所示。

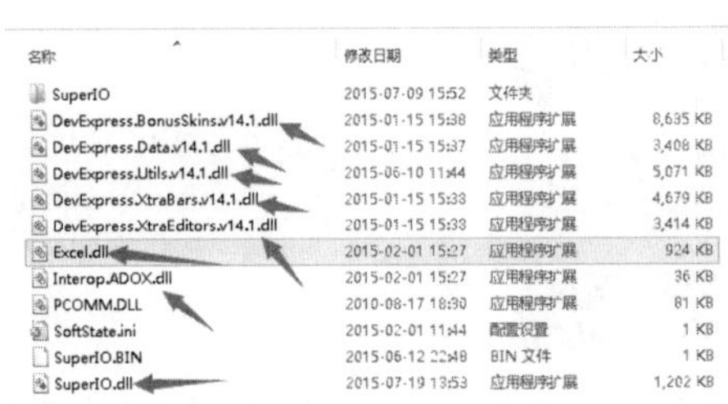

图12-4　引用相关组件

3. 构建主程序

通过继承 SuperIO.UI.MainForm 窗体类构建自己的宿主程序，这只是一个基本的界面框架，在此基础上进行扩展。构建好的宿主程序如图 12-5 所示。

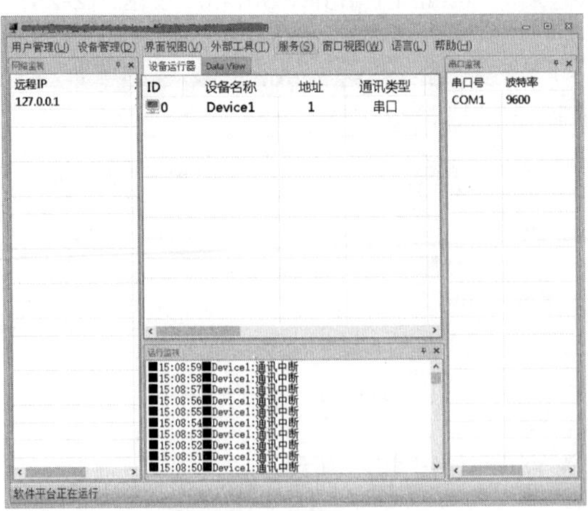

图12-5　宿主程序

4. 设备驱动的开发

（1）假定通信协议

① 发送读实时数据命令协议

计算机发送 0x61 指令为读实时数据命令，共发送 6 个字节，校验和为从“从机地址”开始的累加和，不包括“数据报头”“校验和”和“协议结束”。

发送协议如表 12-1 所示。

表12-1 发送协议

帧结构	数据报头		从机地址	指令代码	校验和	协议结束
	0x55	0xaa		0x61		0x0D
字节数	1	1	1	1	1	1

② 解析读实时数据命令协议

下位机接收到读实时数据命令协议并校验成功后，返回实时数据，校验和为从“从机地址”开始的累加和，不包括“数据报头”“校验和”和“协议结束”。

接收协议如表 12-2 所示。

表12-2 接收协议

帧结构	数据报头		从机地址	指令代码	流量	信号	校验和	协议结束
	0x55	0xaa		0x61	float	float		0x0D
字节数	1	1	1	1	4	4	1	1

③ 发送和接收数据事例

发送（十六进制）：0x55 0xaa 0x00 0x61 0x61 0x0d

接收（十六进制）：0x55 0xaa 0x00 0x61 0x43 0x7a 0x00 0x00 0x43 0xb4 0x15 0x0d

流量数据：250.00

信号数据：360.00

（2）新建设备模块

新建一个类库项目，如图 12-6 所示。

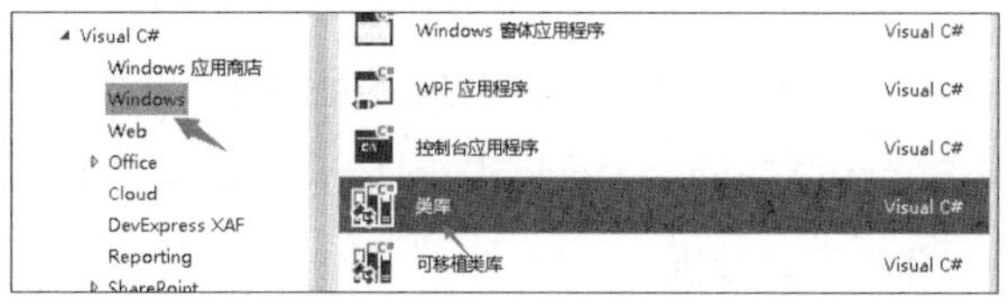

图12-6 新建类库项目

增加对基础框架的引用，如图 12-7 所示。

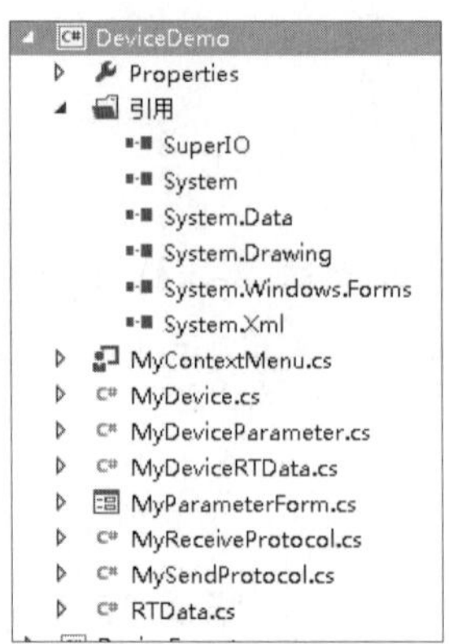

图12-7　引用基础框架

（3）构建协议驱动

新建两个类：MySendProtocol 和 MyReceiveProtocol。MySendProtocol 类继承 SuperIO.Device.DeviceSendProtocol 基类，MyReceiveProtocol 类继承 SCL.Device.DeviceReceiveProtocol 基类。

MySendProtocol 和 MyReceiveProtocol 两个类都重写“Function61”函数，MySendProtocol 类中的 Function61 函数完成打包发送命令操作，MyReceiveProtocol 类中的 Function61 函数完成解析数据操作。FunctionXX 在两个类中会成对出现，主要是为了好记。

在 MySendProtocol 实例中可以调用 DriverFunction 函数，传入相应的命令，如 0x61，就会自动调用 Function61 函数，作为调用相应命令函数的接口。GetSendCmdBytes 函数接口是在 DriverFunction 函数的基础上封装的，同样也可以使用，但是要把“isbox”设置成 false，否则会对发送的数据做特殊处理。

在 MyReceiveProtocol 实例中可以调用 DriverFunction 函数，传入相应的命令，如 0x61，就会自动调用 Function61 函数，作为调用相应命令函数的接口。GetAnalysisData 函数是在 DriverFunction 函数的基础上封装的，同样可以使用，只是多调用了一层 GetCommand 函数接口。

具体代码扫描前言中的二维码，参见附赠资源中的 DeviceDemo 项目。

（4）构建参数和实时数据实例类

新建两个类：MyDeviceParameter 和 MyDeviceRTData。MyDeviceParameter 类继承 SuperIO.Device.DeviceParameter 类，用于保存设备参数，可以在此类中增加新的设备参数。MyDeviceRTData 类继承 SuperIO.Device.DeviceRealTimeData 类，用于保存设备的实时数据，可以根据通信协议自定义设备的实时数据。

这两个类继承基类后会自动继承 SaveSerialize 和 GetSerialize 两个泛型函数，SaveSerialize

函数是把当前对象化成 XML，GetSerialize 是把序列化的 XML 反向生成对象。

SuperIO.Device.DeviceParameter 类和 SuperIO.Device.DeviceRealTimeData 类继承自 SerializeOperation 类，它们的接口是 ISerializeOperation，SerializeOperation 只是一个简单的序列化 XML 操作类库。

如果开发者想完全自定义一个数据持久文件，那么可以继承 ISerializeOperation 接口，重写相应的接口函数，自定义存储数据的方式。

（5）构建设备驱动

“构建协议驱动”和“构建参数和实时数据实例类”都是为构建设备驱动做的前期准备，将作为设备驱动的属性。

新建一个设备类 MyDevice，它继承自 SuperIO.Device. RunDevice1。还有一个 SuperIO. Device. RunDevice 类，它是比较早的运行设备类，考虑到平台的兼容性，现在还在使用，但是新开发的设备模型不建议使用 SuperIO.Device. RunDevice 类。它们都是继承自 IRunDevice 接口。

① 常用接口

```
ProtocolDriver.ISendProtocol SendProtocol
//把写好的发送协议类实例化之后，在此返回，如 MySendProtocol 类

ProtocolDriver.IReceiveProtocol ReceiveProtocol
//把写好的接收协议类实例化之后，在此返回，如 MyReceiveProtocol 类

Device.IDeviceParameter DeviceParameter
//把写好的设备参数类实例化之后，在此返回，如 MyDeviceParameter 类

Device.IDeviceRealTimeData DeviceRealTimeData
//把写好的实时数据类实例化之后，在此返回，如 MyDeviceRTData 类

void InitDevice(int devid)
//初始化设备，可以在这里对发送协议、接收协议、设备参数和实时数据等信息进行初始化

byte[] GetRealTimeCommand()
//这个类是返回读实时数据命令，当 CommandCache 命令缓冲区中有可发送的命令时，优先读、
发送命令缓冲区中的命令数据；如果 CommandCache 命令缓冲区中没有数据，软件框架会自动调用
GetRealTimeCommand 函数接口，返回读实时数据命令，进行发送

void DealData(byte[] data)
//当通信正常时，软件框架会把接收到的数据自动传入这个函数，可以调用 ReceiveProtocol 属性对
数据进行解析、处理、分析、保存；通信正常与否和接收协议类中的 CheckData 函数接口有关

void UnRegDevice()
//软件框架没有注册的时候会调用这个函数
```

```
void UnknownIO()
// 当通信链路为 NULL 时，软件框架会调用这个函数，如串口未打开、网络未连接等

void CommunicateChanged(SCL.Device.IOState ioState)
// 当通信状态发生改变的时候，软件框架会调用这个函数；通信状态包括通信正常、通信中断和通信干扰

void CommunicateError()
// 当有通信干扰的时候，软件框架会调用这个函数；通信正常与否和接收协议类中的 CheckData 函数
接口有关

void CommunicateInterrupt()
// 通信中断的时候，软件框架会调用这个函数；通信正常与否和接收协议类中的 CheckData 函数接口
有关

void CommunicateNone()
// 通信状态未知的时候，软件框架会调用这个函数，一般情况下，不会出现此类情况

void SaveData()
// 对处理的数据进行保存

void Alert()
// 判断数据是否异常，如果出现异常数据，则进行报警处理

void ShowData()
// 显示数据处理，用于更新设备运行器，以及自定义 UI 和导出数据

void DeviceTimer()
// 每个设备会分配一个定时器，默认 1 秒钟调用一次这个函数，可以通过 IsStartTimer 属性启动、停
止定时器，通过 TimerInterval 属性设置定时器执行间隔

SCL.Device.DeviceType DeviceType
// 返回设备类型，设备类型包括普通设备、虚拟设备及其他

System.Windows.Forms.Control DeviceGraphics
// 返回设备图形化界面

void ShowContextMenu()
// 显示上下文菜单函数

string ModelNumber
// 返回设备模块编号，也就是设备的型号，这个编号尽量不要重复

void ShowMonitorIODialog();
// 显示通道监视器窗口
```

```
void ShowMonitorIOData(byte[] data, string desc);
// 在运行的监视器中显示数据信息
```

② 属性说明

```
UserLevel
// 用户级别属性，包括未知用户、普通用户、低级用户和高级用户 4 个级别

IsStartTimer
// 获得或设置是否开启当前设备的时钟，默认不开启

TimerInterval
// 获得或设置当前设备时钟的间隔时间，默认为 1 秒

IsRegLicense
// 获得或设置当前设备是否被注册，默认不注册

RunDevicePriority
// 获得或设置当前设备的运行级别，分为普通和优先。如果为优先级别，则先调用该设备发送和接收
数据

CommunicationType
// 获得或设置当前设备的通信类型，分为串口和网络

CommandCache
// 获得或设置当前设备命令缓冲，如果有要发送的数据，则优先调用命令缓冲的数据进行发送

IsRunDevice
// 获得或设置是否运行当前设备，如果设置 false，则当前设备不参加运行（发送和接收数据）

DeviceParameter.IsSaveOriginBytes
// 标识是否保存原始发送和接收的字节数据，如果保存，则默认保存路径在 D 盘

object Tag
// 临时标记属性

object SyncLock
// 同步锁对象
```

③ 事件说明

以下设备事件都是在原有事件的基础上进行封装的函数，开发者可以直接调用以下触发事件的函数，软件框架在启动的时候已经默认加载了这些事件。

```
void OnReceiveDataHandler(byte[] revdata);
// 触发接收数据事件
```

```
void OnSendDataHandler(byte[] senddata);
// 触发发送数据事件，当网络通信应用自主模式的时候，可以通过这个事件自主发送数据

void OnDeviceRuningLogHandler(string statetext);
// 把设备运行日志输出到运行监视器

void OnUpdateContainerHandler();
// 触发更新运行监视器事件

void OnCOMParameterExchangeHandler(int oldcom, int oldbaud, int newcom, int
newbaud);
// 串口改变事件

void OnDeviceObjectChangeHandler(object obj);
// 对象数据改变事件，用于驱动显示、导出、服务等模块

void OnDeleteDeviceHandler();
// 删除设备事件
```

④ 高级应用

```
void RunIODevice (SCL.CommunicateController.IDeviceIO io)
// 可以重写这个函数，在这里改变设备运行的流程，根据 CommunicationType 属性指定的通信类型，
可以把 IO 参数转换为网络通信接口 ISocket 或串口通信接口 ICom，之后可以有针对性地对发送操作和
接收操作进行二次开发，但一般不建议重写这个函数

void Send(SCL.CommunicateController.IDeviceIO io, byte[] sendbytes)
// 可以重写这个函数，根据 CommunicationType 属性指定的通信类型，可以把 IO 参数转换为网络通
信接口 ISocket 或串口通信接口 ICom，进行数据发送操作。在不重写 RunDevice 函数的情况下，在合
适的应用场景可以重写这个函数

byte[] Receive(SCL.CommunicateController.IDeviceIO io)
// 可以重写这个函数，根据 CommunicationType 属性指定的通信类型，可以把 IO 参数转换为网络通
信接口 ISocket 或串口通信接口 ICom，进行数据接收操作。在不重写 RunDevice 函数的情况下，在合
适的应用场景可以重写这个函数

void SaveBytes(byte[] data, string desc)
// 可以重写这个函数，对发送的数据和接收的数据进行自定义保存，默认保存在"D:\\ 软件框架 原始
数据"目录下

void SocketConnect(string ip, int port)
// 可以重写这个函数，当网络进行通信的时候，有客户端连接到软件框架时就会调用这个函数

void SocketDisconnect(string ip, int port)
// 可以重写这个函数，当网络进行通信的时候，有客户端与软件框架断开时就会调用这个函数
```

（6）设备调试

① 界面方式调试

界面方式调试主要是构建一个主程序，模拟真实的应用程序对设备进行测试。具体的调试方法如下。

（a）引用组件主要引用 DeviceDemo 程序集，如图 12-8 所示。

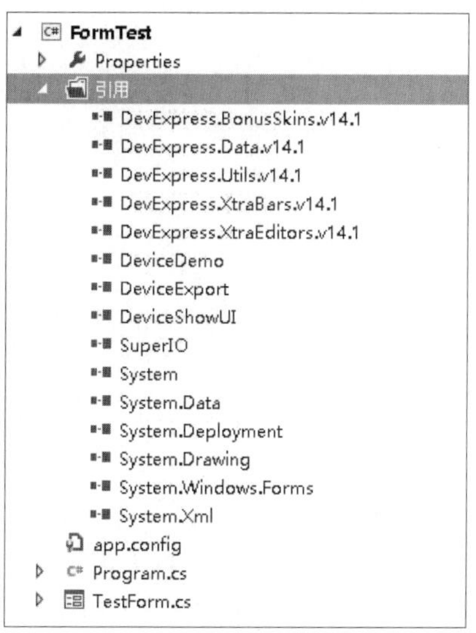

图12-8　引用组件

（b）界面方式调试是有窗体界面的，必须继承“SuperIO.UI.MainForm”类，并用代码把软件框架设置成调试模式“SuperIO.Device.DebugDevice.IsDebug = true;”，代码如下。

```
/// <summary>
/// 设备调试的宿主测试窗体
/// </summary>
public partial class TestForm : SuperIO.UI.MainForm
{
        public TestForm ()
        {
            InitializeComponent();
            //标识为测试状态
            SuperIO.Device.DebugDevice.IsDebug = true;
            //窗体加载事件
            this.Load+=new EventHandler(this.WWZY_Form_Load);
            //窗体关闭事件
            this.FormClosing+=new FormClosingEventHandler (WWZY_Form_FormClosing);
        }
```

```
        /// <summary>
/// 窗体加载
/// </summary>
        private void WWZY_Form_Load(object sender, EventArgs e)
        {
            GlobalProperty sys = GlobalProperty.GetInstance();
            this.Text = sys.Name + " 版本 :" + sys.Ver + " Release 版权 :" + sys.
Copyright;

            GeneralLog.WriteLog(" 软件启动 ", "Load");
        }

        /// <summary>
/// 窗体关闭
/// </summary>
        private void WWZY_Form_FormClosing(object sender, FormClosingEventArgs e)
        {
            GeneralLog.WriteLog(" 软件关闭 ", "Close");
        }
}
```

在 WWZY_Form_Load 中初始化实例，加载调试设备模块，主要是创建设备实例、初始化参数、进行设备调试，如会使用 this.DebugDevice((IRunDevice)_myDevice) 语句，代码如下。

```
public partial class TestForm : MainForm
{
        public TestForm ()
        {
            InitializeComponent();
            SuperIO.Device.DebugDevice.IsDebug = true;
        }
        // 设备驱动
        M_myDevice.ICS500_14B _myDevice = new M_myDevice.ICS500_14B();
        // 视图展示
        PDCRTShow.PDCForm _dzPDCForm = new PDCRTShow.PDCForm();
        private void Form2_Load(object sender, EventArgs e)
        {
            _ics500_14b.DeviceParameter.COM.Port = 6;
            _ics500_14b.DeviceParameter.COM.Baud = 9600;
            _ics500_14b.DeviceParameter.DeviceName = "ICS500_14B";
            _ics500_14b.DeviceRealTimeData.DeviceName = "ICS500_14B";
            _ics500_14b.CommunicationType = CommunicationType.COM;
            _ics500_14b.DeviceParameter.NET.RemoteIP = "172.16.6.129";
            // 初始化设备驱动
            _ics500_14b.InitDevice(0);
            // 调试设备驱动
```

```
            this.DebugDevice((IRunDevice)_ics500_14b);
            // 调试视图展示
            this.DebugGraphicsShow((IGraphicsShow)_dzPDCForm);
    }
}
```

（c）通道监测器显示发送和接收的原始十六进制数据，便于调试，如图 12-9 所示。

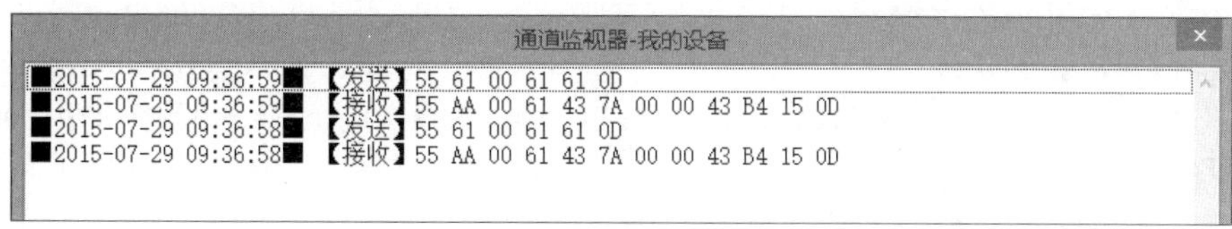

图12-9　显示数据

（d）用 Virtual Serial Port Driver 在本机构建两个虚拟串口，实现虚拟连接，如 COM1 和 COM2。打开串口助手软件和平台软件（软件框架），分别设置 COM1 和 COM2，按照前文介绍的内容发送和接收数据。相关软件在“辅助工具”目录里，如图 12-10 所示。

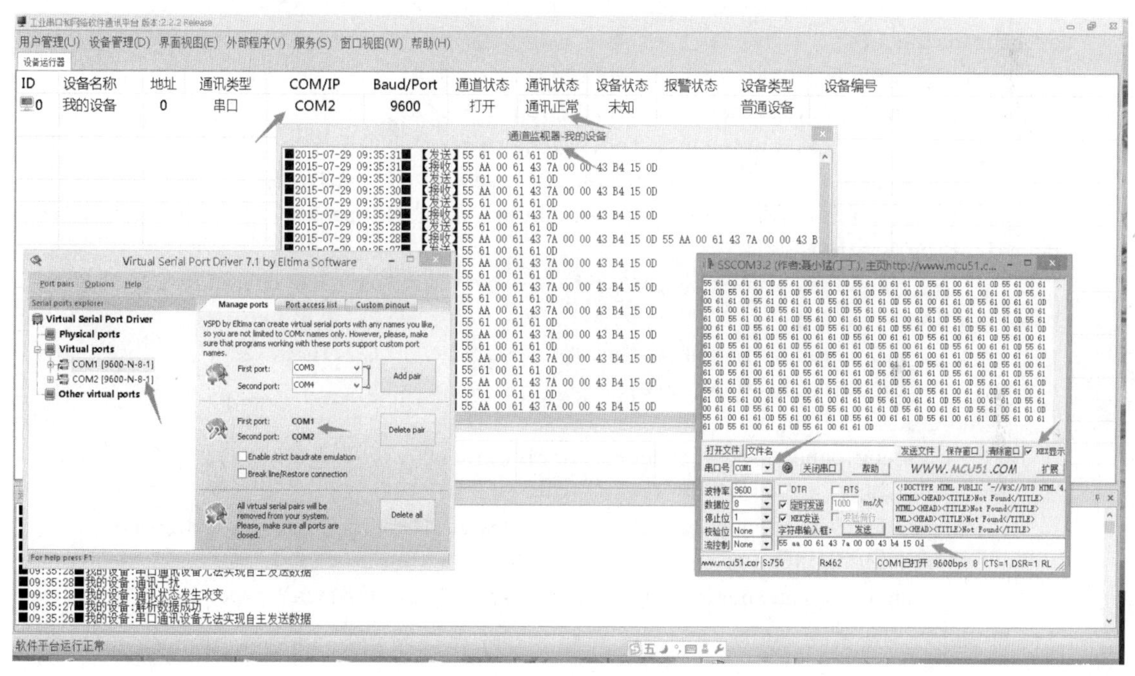

图12-10　辅助工具目录

② 控制台方式调试

控制台调试没有 UI 显示界面，部分功能可能测试不全，其他代码与用界面方式调试一样。代码如下。

```
class Program
{
        /// <summary>
        /// 实例化设备
        /// </summary>
        private static DeviceDemo.MyDevice _myDevice = new DeviceDemo.MyDevice();
        /// <summary>
        /// 实例化显示容器
        /// </summary>
        private static DeviceShowUI.ShowUIForm _showUIForm = new DeviceShowUI.
ShowUIForm();
        /// <summary>
        /// 实例化导出数据
        /// </summary>
        private static DeviceExport.Export _export = new DeviceExport.Export();

        static void Main(string[] args)
        {
            SuperIO.Device.IDebugDevice debug= SuperIO.Device.DebugDevice.
GetDebugInstance();
            _myDevice.DeviceParameter.COM.Port = 1;
            _myDevice.DeviceParameter.COM.Baud = 9600;
            _myDevice.DeviceParameter.DeviceName = " 我的设备 ";
            _myDevice.DeviceRealTimeData.DeviceName = " 我的设备 1";
            // 如果是网络通信，那么把 CommunicationType 改为 SuperIO.CommunicateController.
CommunicationType.NET 即可
            _myDevice.CommunicationType = SuperIO.CommunicateController.
CommunicationType.COM;
            _myDevice.DeviceParameter.NET.RemoteIP = "172.16.6.129";
            _myDevice.InitDevice(0);

            debug.DebugDevice((SuperIO.Device.IRunDevice)_myDevice);
            // 加载需要显示的容器
            debug.DebugGraphicsShow((SuperIO.Show.IGraphicsShow)_showUIForm);
            // 加载需要导出的实例
            debug.DebugExportData((SuperIO.Export.IExportData)_export);

            string exit = String.Empty;
            do
            {
                exit = Console.ReadLine();
                System.Threading.Thread.Sleep(1000);
            } while (exit != "exit");
        }
}
```

这种调试方法需要通过 Device.IDebugDevice debug= SCL.Device.DebugDevice.GetDebugInstance() 函数获得调试实例。

5. 挂载设备模块

在 ConfigTool 应用程序的【配置工具】中选择【设备配置】选项卡，单击【挂载设备】按钮，把刚才开发的设备驱动模块挂载到平台下，如图 12-11 所示。

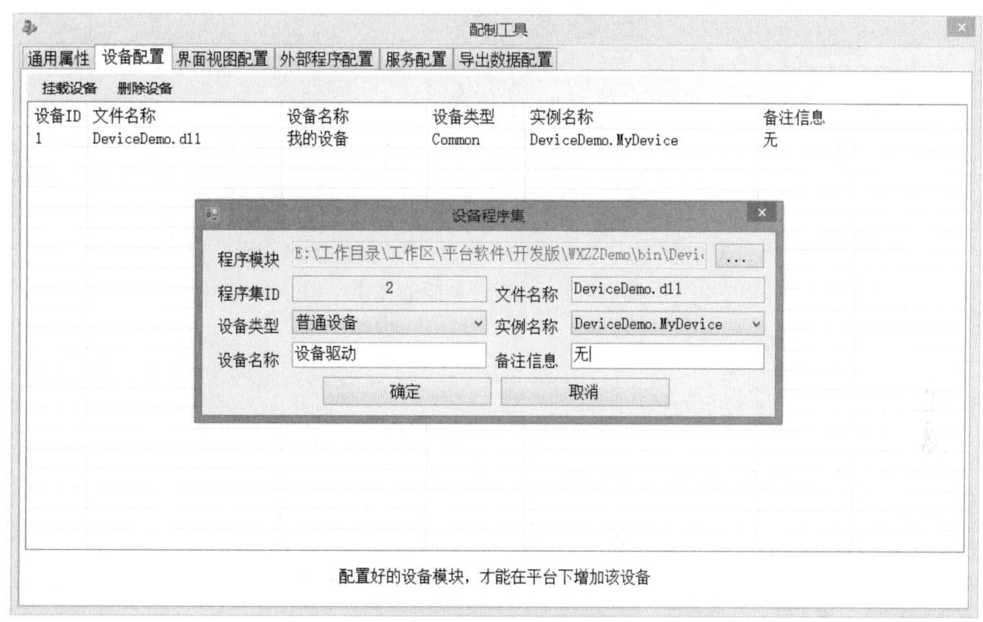

图12-11 挂载设备驱动模块

6. 在软件框架下运行设备

把设备驱动挂载好之后，运行 SuperIO_Run.exe 应用程序，选择【用户管理】→【用户登录】菜单，选择【工程师】或【管理员】选项，输入默认的密码：123。登录到软件框架后，选择【设备管理】→【增加设备】菜单，选择刚才挂载的设备驱动模块，如图 12-12 所示。

开发好的设备驱动模块同时支持串口（COM）和网络（TCP）两种通信方式，网络通信时支持 Client 和 Server 两种工作模式。

图12-12　挂载设备驱动模块

第13章

CHAPTER 13

图形显示二次开发及应用

通过二次开发图形显示界面，可以用多种形式监测终端设备的数据，同时也可以把不同类型设备的数据，以多种形式集成在相同或不同的图形界面上，为用户提供更友好的人机交互界面。

图形显示用于显示采集终端设备的数据，把不同类型设备的数据以多种形式集成显示在不同界面，以便为用户提供多种的、更友好的人机交互界面，其结构如图 13-1 所示。

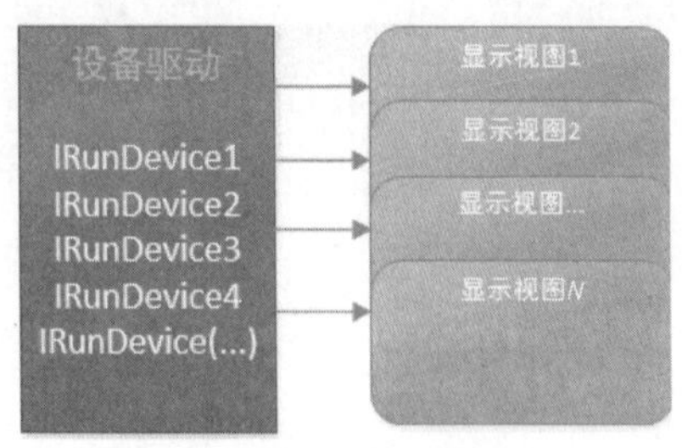

图13-1　图形显示结构示意

下面详细介绍图形显示二次开发的过程及相关应用。

13.1 接口功能说明

开发设备图形显示一般指窗体。可以满足不同用户的显示需求，能进行灵活配制，需要继承 SuperIO.Show.IGraphicsShow 接口。接口代码如下。

```
ThisKey
// 返回窗体 ID，唯一，如果有相同的窗体存在，则不会再次显示该窗体

ThisName
// 窗体名称

UpdateDevice
// 更新设备数据，接收设备 OnDeviceObjectChangedHandler 事件传入的对象实例

RemoveDevice
// 移除设备，删除设备的时候会调用这个函数接口

GraphicsShowClosedHandler
// 如果窗体关闭，则调用这个事件

MouseRightContextMenuHandler
// 主要用于显示上下文菜单

Dispose
// 释放资源函数
```

具体参考实例，参见 DeviceShowUI 项目实例。

13.2 开发图形显示界面

开发图形显示界面主要包括以下工作。

（1）增加对框架组件的引用。

（2）新建 Form 窗体，继承 SuperIO.Show.IGraphicsShow 接口，并实现接口功能。

（3）通过 UpdateDevice 接口解析对象，并显示解析对象后的数据。

13.3 调试图形显示模块

调试图形显示模块时必须继承“SuperIO.UI .MainForm”类，用代码把软件框架设置成调试模式“SuperIO.Device.DebugDevice.IsDebug = true;”。

在 Form_Load 中初始化实例，并且加载调试图形显示模块，代码如下。

```
public partial class TestForm : SuperIO.UI .MainForm
{
        public TestForm()
        {
            InitializeComponent();
            SuperIO.Device.DebugDevice.IsDebug = true;
        }

        /// <summary>
        /// 实例化设备
        /// </summary>
        private DeviceDemo.MyDevice _netDevice = new DeviceDemo.MyDevice();
        /// <summary>
        /// 实例化显示容器
        /// </summary>
        private DeviceShowUI.ShowUIForm _showUIForm = new DeviceShowUI.
ShowUIForm();

        private void TestForm_Load(object sender, EventArgs e)
        {
            _netDevice.DeviceParameter.COM.Port = 1;
            _netDevice.DeviceParameter.COM.Baud = 9600;
```

```
            _netDevice.DeviceParameter.DeviceName = " 网络设备 ";
            _netDevice.DeviceRealTimeData.DeviceName = " 网络设备 ";
            _netDevice.CommunicationType = SuperIO.CommunicateController.
CommunicationType.NET;
            _netDevice.DeviceParameter.NET.RemoteIP = "127.0.0.1";
            _netDevice.DeviceParameter.NET.RemotePort = 6699;
            _netDevice.DeviceParameter.NET.WorkMode=WorkMode.TcpServer;
            _netDevice.DeviceParameter.NET.RemoteIP = "127.0.0.1";
            _netDevice.InitDevice(1);
            // 加载需要调试的设备
            this.DebugDevice((SuperIO.Device.IRunDevice)_netDevice);

            // 加载需要显示的容器
            // this.DebugGraphicsShow((SuperIO.Show.IGraphicsShow)_showUIForm);
  }
  }
```

this.DebugGraphicsShow((SuperIO.Show.IGraphicsShow)_showUIForm) 语句为调试当前视图实例，会把设备驱动提取的数据展示在这个视图界面中。

13.4 挂载图形显示模块

在配置工具应用程序中选择【界面视图配置】选项卡，单击【挂载界面】按钮，把刚才开发的图形显示模块挂载到平台，如图 13-2 所示。

图13-2　挂载图形显示模块

13.5 在软件框架显示界面

运行配置工具应用程序，在【界面视图】菜单中会显示刚才挂载的图形显示模块，单击此菜单项会显示相应的界面视图，如图 13-3 所示。

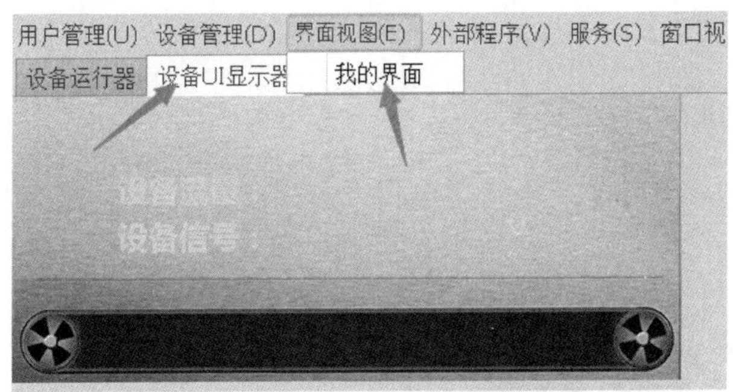

图13-3　显示相应的界面视图

第14章

CHAPTER 14

数据导出接口的开发

在数据集成系统项目中，要么是自己集成其他厂家的设备，要么是其他厂家集成自己家的设备，在没有统一标准的前提下，就会有各种集成数据的格式。基于这种情况，框架为设备输出数据专门设计了接口，开发者可以继承该接口，设备处理完数据后，会把数据自动传输到该接口，这样就可以按规则输出数据格式。

14.1 接口功能说明

开发设备输出接口，要考虑在集成项目中，设备集成或被集成过程中的各种数据格式的输出，需要继承 SuperIO.Export.IExportData 接口，代码如下。

```
ThisKey
// 返回窗体 ID，唯一，如果有相同的窗体存在，则不会再次显示该窗体

ThisName
// 窗体名称

UpdateDevice
// 更新设备数据，接收设备 OnDeviceObjectChangedHandler 事件传入的对象实例

RemoveDevice
// 移除设备，删除设备的时候会调用这个函数接口

Dispose
// 释放资源函数

FormatDataString
// 数据格式化接口，可以不使用
```

14.2 开发并调试导出数据驱动

1. 开发导出数据驱动

开发导出数据驱动主要包括以下工作。

（1）增加对框架组件的引用。

（2）新建类，继承 SuperIO.Export.IExportData 接口，并且实现接口功能。

（3）通过 UpdateDevice 接口解析对象，并输出格式化后的数据。

2. 调试导出数据驱动

调试导出数据驱动必须继承“SuperIO.UI.MainForm”类，用代码把软件框架设置成调试模式“SuperIO.Device.DebugDevice.IsDebug = true;”。

在 Form_Load 中初始化实例，并加载需要调试的导出数据驱动，代码如下。

```
public partial class TestForm : SuperIO.UI.MainForm
{
        public TestForm()
        {
            InitializeComponent();
            SuperIO.Device.DebugDevice.IsDebug = true;
        }

        /// <summary>
        /// 实例化设备
        /// </summary>
        private DeviceDemo.MyDevice _netDevice = new DeviceDemo.MyDevice();

        /// <summary>
        /// 实例化导出数据
        /// </summary>
        private DeviceExport.Export _export = new DeviceExport.Export();

        private void TestForm_Load(object sender, EventArgs e)
        {
            _netDevice.DeviceParameter.COM.Port = 1;
            _netDevice.DeviceParameter.COM.Baud = 9600;
            _netDevice.DeviceParameter.DeviceName = " 网络设备 ";
            _netDevice.DeviceRealTimeData.DeviceName = " 网络设备 ";
            _netDevice.CommunicationType = SuperIO.CommunicateController.
CommunicationType.NET;
            _netDevice.DeviceParameter.NET.RemoteIP = "127.0.0.1";
            _netDevice.DeviceParameter.NET.RemotePort = 6699;
            _netDevice.DeviceParameter.NET.WorkMode=WorkMode.TcpServer;
            _netDevice.DeviceParameter.NET.RemoteIP = "127.0.0.1";
            _netDevice.InitDevice(1);
            //加载需要调试的设备
            this.DebugDevice((SuperIO.Device.IRunDevice)_netDevice);

            //加载需要导出的实例
            this.DebugExportData((SuperIO.Export.IExportData)_export);
  }
  }
```

this.DebugExportData((SuperIO.Export.IExportData)_export) 语句为调试当前输出实例，会把设备驱动提取的数据以指定的格式化方式输出到指定的介质。

14.3 挂载并运行导出数据驱动

1. 挂载导出数据驱动

在配置工具应用程序中选择【导出数据配置】选项卡，单击【挂载导出】按钮，把刚才开发的导出数据驱动模块挂载到平台，如图 14-1 所示。

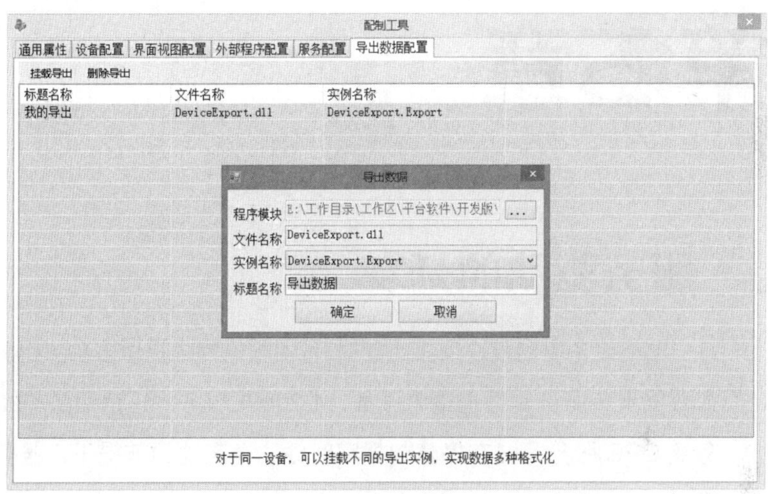

图14-1　挂载导出数据驱动模块

2. 在软件框架下运行数据驱动

平台软件在启动的时候会检测配置文件中是否挂载了导出数据实例，如果有导出数据实例，会自动加载实例，并在平台下运行。界面中不显示导出数据实例的相关信息。通过配置工具对导出的数据实例进行增加或删除操作后，应该重新启动平台软件。

第15章

CHAPTER 15

服务驱动的开发

围绕设备驱动模块采集的数据，可以根据需求提供多种应用服务，如数据上传服务、数据请求服务、4-20mA 服务、短信服务、LED 服务及 OPC 服务等。在保障数据实时性、稳定性的前提下，服务接口可以提供丰富的功能服务机制，方便开发者进行二次开发。

15.1 接口功能说明

在集成项目中，设备集成或被集成过程中的数据格式不同，所以要开发设备输出接口。这一过程需要继承 SuperIO.Services. IAppService 接口，具体如下。

```
StartService
// 当服务的启动方式为“自动启动”及平台加载服务的时候，会自动调用这个接口函数

ReleaseService
// 释放服务资源接口

OnClick
// 当服务类型为“显示模式”的时候，服务的名称会显示在“服务”菜单里，单击服务菜单项的时候，
会调用这个函数，可以在这个接口函数里调用窗体

WriteLogHandler
// 日志事件接口，可以通过此事件接口把日志信息显示在“运行监视器”里

ServiceType
// 服务类型，分为显示模式和隐藏模式。显示模式的服务会在“服务”菜单中显示服务名称；隐藏模式
的服务在菜单中不会显示，可以把此类服务设置为自动启动

IsAutoStart
// 服务启动类型，标识是否自动启动

ThisKey
// 返回窗体 ID，唯一，如果有相同的窗体存在，则不会再次显示该窗体

ThisName
// 窗体名称

UpdateDevice
// 更新设备数据，接收设备 OnDeviceObjectChangedHandler 事件传入的对象实例

RemoveDevice
// 移除设备的时候会调用这个函数接口

Dispose
// 释放资源函数
```

15.2 开发与调试服务驱动

1. 开发服务驱动

开发服务驱动主要包括以下工作。

（1）增加对框架组件的引用。

（2）新建类，继承 SuperIO.Services.AppService 抽象类，实现接口功能。

（3）通过 UpdateDevice 接口函数更新设备的缓存数据。

2. 调试服务驱动

调试服务驱动必须继承“SuperIO.UI.MainForm”类，用代码把软件框架设置成调试模式“SuperIO.Device.DebugDevice.IsDebug = true;”。

在 Form_Load 中初始化实例，加载调试服务模块，代码如下。

```
public partial class TestForm : SuperIO.UI.MainForm
{
        public TestForm()
        {
            InitializeComponent();
            SuperIO.Device.DebugDevice.IsDebug = true;
        }

        /// <summary>
        /// 实例化设备
        /// </summary>
        private DeviceDemo.MyDevice _netDevice = new DeviceDemo.MyDevice();

        /// <summary>
        /// 实例化服务
        /// </summary>
        private ClientService.UpdateService _clientService = new ClientService.
UpdateService();

        private void TestForm_Load(object sender, EventArgs e)
        {
            _netDevice.DeviceParameter.COM.Port = 1;
            _netDevice.DeviceParameter.COM.Baud = 9600;
            _netDevice.DeviceParameter.DeviceName = " 网络设备 ";
            _netDevice.DeviceRealTimeData.DeviceName = " 网络设备 ";
```

```
            _netDevice.CommunicationType = SuperIO.CommunicateController.
CommunicationType.NET;
            _netDevice.DeviceParameter.NET.RemoteIP = "127.0.0.1";
            _netDevice.DeviceParameter.NET.RemotePort = 6699;
            _netDevice.DeviceParameter.NET.WorkMode=WorkMode.TcpServer;
            _netDevice.DeviceParameter.NET.RemoteIP = "127.0.0.1";
            _netDevice.InitDevice(1);

            // 加载需要调试的设备
            this.DebugDevice((SuperIO.Device.IRunDevice)_netDevice);

            // 加载服务的实例
            _clientService.ServiceType = ServiceType.Show;
            _clientService.IsAutoStart = true;
            this.DebugAppService((SuperIO.Services.IAppService)_clientService)
    }
    }
```

this.DebugAppService((SuperIO.Services.IAppService)_clientService) 语句为调试当前服务驱动，主要执行一些事务性的任务。

15.3 挂载与运行服务驱动

1. 挂载服务驱动

在配置工具应用程序中选择【服务配置】选项卡，单击【挂载服务】按钮，把刚才开发的服务驱动模块挂载到平台，如图 15-1 所示。

2. 运行服务驱动

服务驱动运行时，服务类型和启动类型配合使用，服务类型为显示模式，手动启动和自动启动模式均可以；服务类型为隐藏模式，设置为自动启动模式，以便在程序加载过程中自动启动服务。

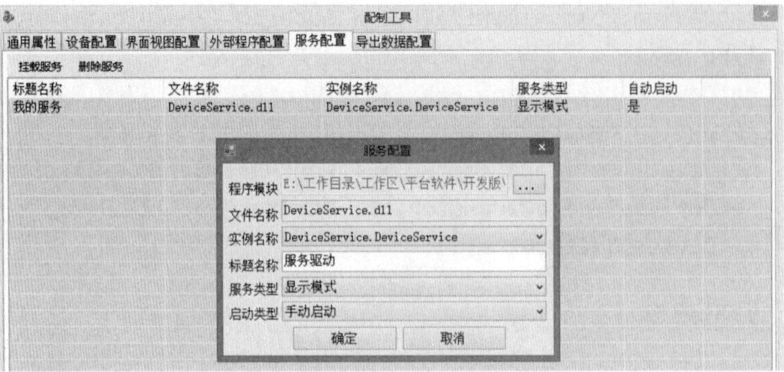

图15-1　挂载服务驱动模块

第16章

CHAPTER 16

中英文版本切换设计

公司的硬件设备要出口到国外，需要将软件国际化，同时支持国内用户和国外用户使用，软件上所有的文字和提示信息要支持英文和中文的切换。

软件中英文切换有多种方案可以实现，如通过资源文件或通过配置文件实现等，本章介绍以配置文件的方式实现中英文切换的方法。

16.1 不用自带的资源文件的理由

利用 resx 资源文件可以进行多语言设计。resx 文件本身是 KV 类型的资源文件，设计好资源文件后，启动软件时可以通过 CurrentCulture 属性设置要显示的语言。代码如下。

```
Thread.CurrentThread.CurrentCulture = CultureInfo.GetCultureInfo( “en-us” );
// 设置成英文版本
```

但是，软件涉及多线程、线程池、异步等应用的时候，即使当前线程设置了英文版本，其他线程还是保持默认的语言版本。例如，主线程设置了英文，但是新建线程和其他已经存在的线程还是中文，如果各部分 UI 不在同一线程更新的话，就没有办法实现统一的语言显示。

那么，是否可以通过进程获得所有线程信息，统一设置语言信息呢？这是一个很好的想法，但是，实践证明这是行不通的，因为这种方式可能造成软件异常退出。为什么会出现这个现象呢？因为一个进程中不仅包括自定义的线程，还存在系统级的线程，二者无法轻易统一。

要实现中英文切换，其实在 .NET Framework 4.5 中很容易就能实现，直接使用 System.Globalization 命名空间内 CultureInfo 类的 DefaultThreadCurrentCulture 属性和 DefaultThreadCurrentUICulture 属性即可。设置好后，每一个新线程的 CurrentUICulture 属性和 CurrentCulture 属性都会和上面两个属性保持一致。

为了兼容操作系统，还要使用 .NET Framework 4.0 的框架，这样也可以实现 CultureInfo 类的功能，但是不如自己设计一套语言版本方案更方便、更省时间。有时间的情况下，读者可以研究一下 CultureInfo 类的实现。

16.2 配置文件

先设计语言配置文件，文件格式采用 XML，存储方式采用 KV，文件命名可以自定义，如 cn.xml、en.xml，代码如下。

```
<?xml version="1.0" encoding="utf-8"?>
<ArrayOfCultureItem xmlns:xsi="http://www.w3.org/2001/XMLSchema-instance"
xmlns:xsd="http://www.w3.org/2001/XMLSchema">
  <CultureItem Key="MainForm.barUser" Value="用户管理(&amp;U)" />
  <CultureItem Key="MainForm.barLogin" Value="用户登录(&amp;L)" />
```

```
    <CultureItem Key="MainForm.barModify" Value="修改密码(&amp;P)" />
    <CultureItem Key="MainForm.barExit" Value="用户退出(&amp;X)" />
    <CultureItem Key="MainForm.barDevice" Value="设备管理(&amp;D)" />
    <CultureItem Key="MainForm.barAddDevice" Value="增加设备(&amp;A)" />
    <CultureItem Key="MainForm.barGraphicsView" Value="界面视图(&amp;V)" />
    ……//其他部分省略
</ArrayOfCultureItem>
```

Key 的定义有两种方式，第一种是窗体命名 . 控件命名，可以统一改变窗体控件的语言信息；第二种是直接定义关键字，可以改变提示信息、状态信息等单独词条的语言信息。

Value 就是最终要显示的语言的具体内容，完全是自定义的。

16.3 语言管理类

（1）定义一个词条对应的可序列化的类，代码如下。

```
[Serializable]
public class CultureItem
{
    /// <summary>
    /// 控件的级联ID，中间用"."分隔
    /// </summary>
    [XmlAttribute]
    public string Key { set; get; }

    /// <summary>
    /// 中文或英文描述
    /// </summary>
    [XmlAttribute]
    public string Value { set; get; }
}
```

（2）定义一个设置语言属性的枚举，代码如下。

```
public enum CultureLanguage
{
    [EnumDescription("中文")]
    Chinese,
    [EnumDescription("英文")]
    English
}
```

（3）开发一个语言管理类库，本质上是根据语言配置文件对 Dictionary<string, string> 字典缓存进行操作，代码如下。

```
/// <summary>
/// 语言显示管理类
/// </summary>
public class CultureMananger
{
   private static Dictionary<string, string> _dic = new Dictionary<string,string>();
   private static string _cnPath = Application.StartupPath + "\\SuperIO\\Language\\
cn.xml";
   private static string _enPath = Application.StartupPath + "\\SuperIO\\Language\\
en.xml";
   private static object SyncObject = new object();

   /// <summary>
   /// 加载语言文件到缓存中
   /// </summary>
   public static void LoadCulture()
   {
          lock (SyncObject)
          {
                 if (IsLanguage)
                 {
                        try
                        {
                               _dic.Clear();

                               string path = String.Empty;

                               if (Language == CultureLanguage.Chinese)
                               {
                                      path = _cnPath;
                               }
                               else if (Language == CultureLanguage.English)
                               {
                                      path = _enPath;
                               }

                               if (File.Exists(path))
                               {
                                      List<CultureItem> itemList
 =SerializeOperation.SerializeOperation.GetSerialize<List<CultureItem>>(path);

                                      foreach (CultureItem item in itemList)
```

```
                                        {
                                                _dic.Add(item.Key, item.Value);
                                        }
                                }
                        }
                        catch (Exception ex)
                        {
                                GeneralLog.WriteLog(ex);
                        }
                }
        }
}

/// <summary>
/// 清除缓存中的语言信息
/// </summary>
public static void ClearCache()
{
        lock (SyncObject)
        {
                _dic.Clear();
        }
}

/// <summary>
/// 设置和获得语言类型属性
/// </summary>
public static CultureLanguage Language
{
        set
        {
                if (GlobalProperty.GetInstance().Language != value)
                {
                        GlobalProperty.GetInstance().Language = value;
                        GlobalProperty.GetInstance().Save();

                        LoadCulture();
                }
        }
        get { return GlobalProperty.GetInstance().Language; }
}

/// <summary>
/// 获得词条对应的描述信息
/// </summary>
```

```
/// <param name="formName">窗体名称</param>
/// <param name="field">词条字段</param>
/// <returns>对应的描述信息</returns>
public static string GetString(string formName, string field)
{
        return GetString(String.Format("{0}.{1}", formName, field));
}

/// <summary>
/// 获得词条对应的描述信息
/// </summary>
/// <param name="key">字段的关键字</param>
/// <returns></returns>
public static string GetString(string key)
{
        lock (SyncObject)
        {
                if (IsLanguage)
                {
                        string val = String.Empty;
                        if (_dic.ContainsKey(key))
                        {
                                _dic.TryGetValue(key, out val);
                        }
                        return val;
                }
                else
                {
                        return String.Empty;
                }
        }
}

/// <summary>
/// 应用窗体，改变语言信息
/// </summary>
/// <param name="frm"></param>
public static void ApplyResourcesForm(Form frm)
{
        if (IsLanguage)
        {
                string frmText = GetString(frm.Name);
                if (!String.IsNullOrEmpty(frmText))
                {
                        frm.Text = frmText;
```

```
                }

                ApplyControls(frm.Name, frm.Controls);
        }
}

/// <summary>
/// 应用 BarManager 工具，改变语言信息
/// </summary>
/// <param name="name"></param>
/// <param name="bar"></param>
public static void AppResourceBarItem(string name, BarManager bar)
{
        if (IsLanguage)
        {
                string key = String.Empty;
                foreach (BarItem item in bar.Items)
                {
                        key = String.Format("{0}.{1}", name, item.Name);
                        string val = GetString(key);
                        if (!String.IsNullOrEmpty(val))
                        {
                                item.Caption = val;
                        }
                }
        }
}

/// <summary>
/// 应用控件，改变语言信息
/// </summary>
/// <param name="name"></param>
/// <param name="ctrls"></param>
public static void ApplyControls(string name, Control.ControlCollection ctrls)
{
        if (IsLanguage)
        {
                foreach (Control ctrl in ctrls)
                {
                        if (ctrl is MenuStrip) //MenuStrip StatusStrip
                        {
                                ApplyMenuStrip(name, (MenuStrip) ctrl);
                        }
                        else if (ctrl is StatusStrip)
                        {
```

```
                    ApplyStatusStrip(name, (StatusStrip) ctrl);
                }
                else if (ctrl is ListView)
                {
                    ApplyListView(name, (ListView) ctrl);
                }
                else
                {
                    ApplyControls(name, ctrl);
                }

                if (ctrl.HasChildren)
                {
                    ApplyControls(name, ctrl.Controls);
                }
            }
        }
    }

/// <summary>
    /// 验证语言文件是否存在
    /// </summary>
    internal static bool IsLanguage
    {
        get
        {
            if (File.Exists(_cnPath) && File.Exists(_enPath))
            {
                return true;
            }
            else
            {
                return false;
            }
        }
    }

    /// <summary>
    /// 语言应用到控件
    /// </summary>
/// <param name="name">配置名称</param>
/// <param name=" ctrl ">控件实例</param>
    private static void ApplyControls(string name, Control ctrl)
    {
        string key = String.Format("{0}.{1}", name, ctrl.Name);
```

```
            string text = GetString(key);
            if (!String.IsNullOrEmpty(text))
            {
                ctrl.Text = text;
            }
        }

/// <summary>
        /// 语言应用到菜单
        /// </summary>
/// <param name="name">配置名称</param>
/// <param name=" menu ">菜单实例</param>
        private static void ApplyMenuStrip(string name, MenuStrip menu)
        {
            foreach (ToolStripMenuItem item in menu.Items)
            {
                ApplyMenuItem(name, item);
            }
        }

/// <summary>
        /// 语言应用到工具栏
        /// </summary>
/// <param name="name">配置名称</param>
/// <param name=" menu ">工具栏实例</param>
        private static void ApplyMenuItem(string name, ToolStripMenuItem item)
        {
            string key = String.Format("{0}.{1}", name, item.Name);
            string text = GetString(key);
            if (!String.IsNullOrEmpty(text))
            {
                item.Text = text;
            }
            if (item.DropDownItems.Count > 0)
            {
                foreach (ToolStripMenuItem subItem in item.DropDownItems)
                {
                    ApplyMenuItem(name, subItem);
                }
            }
        }

/// <summary>
        /// 语言应用到状态栏
        /// </summary>
```

```
/// <param name="name">配置名称</param>
/// <param name=" menu ">状态栏实例</param>
   private static void ApplyStatusStrip(string name, StatusStrip status)
   {
           string key = String.Empty;
           foreach (ToolStripItem item in status.Items)
           {
                   key = String.Format("{0}.{1}", name, item.Name);
                   string val= GetString(key);
                   if (!String.IsNullOrEmpty(val))
                   {
                           item.Text = val;
                   }
           }
   }

/// <summary>
   /// 语言应用到列表控件
   /// </summary>
/// <param name="name">配置名称</param>
/// <param name=" menu ">列表控件实例</param>
   private static void ApplyListView(string name, ListView lv)
   {
           string key = String.Empty;
           foreach (ColumnHeader header in lv.Columns)
           {
                   key = String.Format("{0}.{1}", name, header.Tag == null ? "" :
header.Tag.ToString());
                   string val = GetString(key);
                   if (!String.IsNullOrEmpty(val))
                   {
                           header.Text = val;
                   }
           }
   }
}
```

语言管理类会把配置的信息应用到菜单、工具栏、状态栏等实例中，从而实现语言的整体切换。

软件启动时可以使用CultureMananger管理类，这样软件启动后会自动加载语言文件配置信息，并且支持动态切换。具体代码如下。

```
/// <summary>
```

```
/// 应用语言设置
/// </summary>
private void BindCulture()
{
    CultureMananger.LoadCulture();
    CultureMananger.AppResourceBarItem("MainForm", this.barManager1);
    CultureMananger.ApplyResourcesForm(RunContainerForm.GetRunContainerUI());
    CultureMananger.ApplyControls("MainForm", this.Controls);

    string state = CultureMananger.GetString("State.Normal");
    if (!String.IsNullOrEmpty(state))
    {
        this.barStatusNote.Caption = state;
    }
    else
    {
        this.barStatusNote.Caption = " 软件框架正在运行 ";
    }
}
```

第17章

CHAPTER 17

序列号的设计

序列号作为软件使用的授权方式之一，被广泛应用于软件的各个方面。序列号的设计主要考虑这几方面的内容：第一，对知识产权的保护；第二，在商业竞争中增强防守能力，防止劳动结果被竞争对手盗取；第三，增强合同的执行效力，防止一方由于各种原因破坏合作关系。

序列号的设计有多种方式，本章只介绍一种思路和实现方式，希望对读者有一定的帮助。

17.1 设计原则

序列号的设计有如下两个原则。

第一，序列号长度要尽可能短，这主要是从成本角度考虑。例如，用户在现场需要一个正版软件的序列号，假设用对称或非对称方式生成一个很长的序列号，如果口述告诉对方的话，那么对方肯定要用纸和笔进行记录，输入软件后还不一定正确；如果把序列号以文件的方式通过网络传递给对方，那么需要占用网络资源，对方的计算机不一定有网络环境。无论如何，很长的序列号在生成和传递的过程中可能涉及更高的材料成本、流量成本、人力成本和时间成本。

第二，避免出现容易混淆的字符。假如生成了一个序列号并发给用户，但这个序列号包括数字 0 和字母 O，数字 1 和字母 I，难道让用户一遍一遍地试是 0 还是 O，是 1 还是 I 吗？这样的用户体验太差了，所以一定要避免使用容易混淆的字符。

17.2 设计思想

设计序列号时，要看序列号要实现什么样的功能和具备什么属性。从功能角度考虑，要包括以下几点。

（1）一个计算机一个序列号。

（2）尽管输入的条件都一样，但每次生成的序列号都不一样。

（3）对序列号使用的时限进行验证。

（4）序列号有注册时限，超过规定的使用时间，序列号就会作废，但也要避免短时间多次注册。

把上述因素考虑进去，序列号长度通常为 25 位字符，序列号生成格式和元素信息如图 17-1 所示。

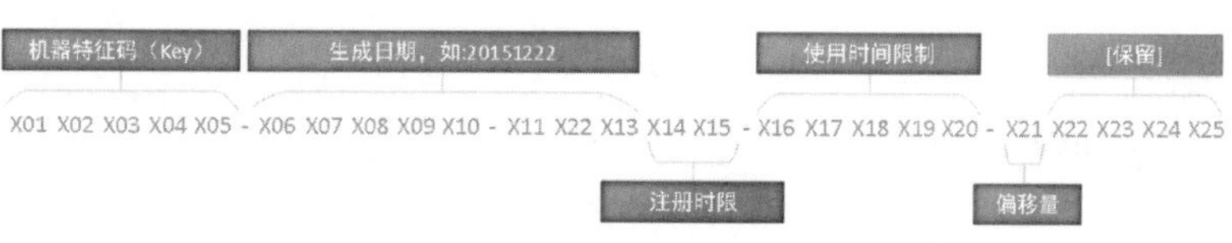

图17-1　序列号生成格式和元素信息

X01-X05 为计算机的特征码，5 位字符串。获取机器某个部件的 ID，这个部件可能为 CPU、网卡、硬盘等，把 ID 进行 MD5 加密后取前 5 个字符作为特征码，从而实现一机一码。这种特征码有可能存在相同的情况，但是概率很小。

X06-X13 为生成序列号的日期，8 位字符串，格式为 yyyyMMdd。与使用时间限制配合使用，来验证软件的使用期限。

X14-X15 为注册时间限制，2 位数字字符，从生成序列号日期算起，超过此注册时间限制，序列号将无法正常注册。

X16-X20 为使用时间限制，5 位数字字符，与生成序列号日期配合使用来验证软件使用期限。

X21 为序列号的偏移量，1 位字符，不管在什么场景下，每次生成的序列号的偏移量都不一样。

X22-X25 为保留数据位，暂时不使用。自定义一个序列号字典信息，如 _Dictionary = "WXZZ0151WQK6MVP9QR3TXWY4"，把容易混淆的字符去掉。序列号的每个部分都通过随机生成的偏移量（X21）对字典进行位移，根据输入的数字信息对应字典的下标提取相应的字符，作为序列号的一个字符。

生成序列号的大致过程如下。

（1）在字典信息的长度范围内随机生成一个偏移量数字。

（2）根据偏移量数字对字典进行向左或向右的循环移动。

（3）根据输入的数字信息，如将 2015 中的 2 作为下标，从字典信息中提取出相应的字符，作为序列号的字符。

反向解析过程类似，只需要将 X21 字符与字典的字符进行匹配，对应的下标作为偏移量，就可以反向解析出各项信息。

17.3 代码实现

先对机器部件 ID 进行 MD5 加密，代码如下。

```
/// <summary>
/// 安全操作类
/// </summary>
public class Safety
{
    public static string MD5(string str)
    {
```

```
            string strResult = "";
           //MD5 操作实例
            MD5 md5 = System.Security.Cryptography.MD5.Create();
           // 进行 Hash 加密
            byte[] bData = md5.ComputeHash(Encoding.Unicode.GetBytes(str));
            for (int i = 0; i < bData.Length; i++)
            {
                    strResult = strResult + bData[i].ToString("X");
            }
            return strResult;
    }
}
```

注册信息类代码如下。

```
/// <summary>
/// 注册信息类信息
/// </summary>
public class RegInfo
{
    public RegInfo()
    {
            KeySn = "";
            Date=DateTime.MinValue;
            RegLimitDays = 0;
            UseLimitDays = 0;
            Offset = 0;
    }
     //序列号
    public string KeySn { get; set; }
     //注册时间
    public DateTime Date { get; set; }
     //使用的注册天数
    public int RegLimitDays { get; set; }
     //使用的剩余天数
    public int UseLimitDays { get; set; }
     //偏移运算类型
    public int Offset { get; set; }
}
```

偏移操作类型代码如下。

```
/// <summary>
/// 字符移动类型
/// </summary>
internal enum OffsetType
```

```
{
    Left,
    Right
}
```

授权信息操作类代码如下。

```
/// <summary>
/// 授权信息操作类
/// </summary>
public class LicenseManage
{
    /// <summary>
    /// 序列号字典，把容易混淆的字符去掉，所产生的 25 位序列号从这个字典中产生
    /// </summary>
    private static string _Dictionary = "WQB8EF2GH7K6MVP9QR3TWXZZ";

    /// <summary>
    /// 可以自定义字典字符串
    /// </summary>
    public static string Dictionary
    {
            get { return _Dictionary; }
            set
            {
                    if (value.Length < 9)
                    {
                            throw new ArgumentOutOfRangeException(" 设置的字典长度不能小
于 9 个字符 ");
                    }
                    _Dictionary = value;
            }
    }

    /// <summary>
    /// 生成序列号
    /// </summary>
    /// <param name="key">关键字，一般为 CPU 号、硬盘号、网卡号，用于与序列号绑定，实现一
机一码 </param>
    /// <param name="now">现在的时间 </param>
    /// <param name="regLimitDays">注册天数限制，超过此天数再进行注册，序列号失效
</param>
    /// <param name="useLimitDays">使用天数限制，超过此天数，可以设置软件停止运行
</param>
    /// <returns>返回序列号，如 xxxxx-xxxxx-xxxxx-xxxxx-xxxxx</returns>
    public static string BuildSn(string key, DateTime now, int regLimitDays, int
```

```
useLimitDays)
    {
            if (regLimitDays < 0 || regLimitDays > 9)
            {
                    throw new ArgumentOutOfRangeException(" 注册天数限制范围为 0-9");
            }

            if (useLimitDays < 0 || useLimitDays > 99999)
            {
                    throw new ArgumentOutOfRangeException(" 使用天数限制范围为 0-99999");
            }

            /*
             * 关键字用 MD5 加密后，取后 5 个字符作为序列号的第 1 组字符
             */
            string md5 = Safety.MD5(key);
            string x1 = md5.Substring(md5.Length - 5);

            /*
             * 生成随机偏移量
             */
            Random rand = new Random();
            int offset = rand.Next(1, Dictionary.Length - 1);

            /*
             * 将第 5 组的第 1 个字符保存为偏移量字符，其余 4 个字符随机生成，作为保留位
             */
            string x5 = Dictionary[offset].ToString();
            for (int i = 0; i < 4; i++)
            {
                    x5 += Dictionary[rand.Next(0, Dictionary.Length - 1)].ToString();
            }

            /*
             * 以生成序列号的日期（yyyyMMdd）和注册时间限制生成第 2 组和第 3 组序列号，一共 10
位字符串
             */
            string dateSn = GetDateSn(now, offset);
            string regLimitSn = GetRegLimitSn(regLimitDays, offset);
            string x2 = dateSn.Substring(0, 5);
            string x3 = dateSn.Substring(dateSn.Length - 3) + regLimitSn;

            /*
             * 以使用时间限制生成第 4 组序列号，一共 5 位字符串
             */
```

```
            string x4 = GetUseLimitSn(useLimitDays, offset);

            return String.Format("{0}-{1}-{2}-{3}-{4}", x1, x2, x3, x4, x5);
    }

    /// <summary>
    /// 注册序列号
    /// </summary>
    /// <param name="key">关键字，一般为 CPU 号、硬盘号、网卡号，用于与序列号绑定，实现一
机一码 </param>
    /// <param name="sn">序列号 </param>
    /// <param name="desc">描述信息 </param>
    /// <returns>注册状态，成功：0</returns>
    public static int RegSn(string key,string sn,ref string desc)
    {
            if (String.IsNullOrEmpty(key) || String.IsNullOrEmpty(sn))
            {
                    throw  new ArgumentNullException(" 参数为空 ");
            }

            RegInfo regInfo = GetRegInfo(sn);
            string md5 = Safety.MD5(key);
            if (String.CompareOrdinal(md5.Substring(md5.Length - 5), regInfo.KeySn)
!= 0)
            {
                    desc = " 关键字与序列号不匹配 ";
                    return -1;// 关键字与序列号不匹配
            }

            if (regInfo.Date == DateTime.MaxValue || regInfo.Date == DateTime.
MinValue || regInfo.Date > DateTime.Now.Date)
            {
                    desc = " 序列号时间有错误 ";
                    return -2;// 序列号时间有错误
            }

            TimeSpan ts = DateTime.Now.Date - regInfo.Date;
            if (ts.TotalDays > 9 || ts.TotalDays < 0)
            {
                    desc = " 序列号失效 ";
                    return -3;// 序列号失效
            }

            if (regInfo.UseLimitDays <= 0)
            {
```

```
                desc = " 使用期限受限 ";
                return -4;// 使用期限受限
            }

            Application.UserAppDataRegistry.SetValue("SN", sn);

            desc = " 注册成功 ";
            return 0;
        }

        /// <summary>
        /// 检测序列号，时钟定时调用该函数
        /// </summary>
        /// <param name="key"> 关键字，一般为 CPU 号、硬盘号、网卡号，用于与序列号绑定，实现一
机一码 </param>
        /// <param name="desc"> 描述信息 </param>
        /// <returns> 检测状态，成功：0</returns>
        public static int CheckSn(string key, ref string desc)
        {
            if (String.IsNullOrEmpty(key))
            {
                throw new ArgumentNullException(" 参数为空 ");
            }

            object val=Application.UserAppDataRegistry.GetValue("SN");

            if(val==null)
            {
                desc = " 未检测到本机的序列号 ";
                return -1;
            }

            string sn = val.ToString();

            RegInfo regInfo = GetRegInfo(sn);
            string md5 = Safety.MD5(key);
            if (String.CompareOrdinal(md5.Substring(md5.Length - 5), regInfo.KeySn)
!= 0)
            {
                desc = " 关键字与序列号不匹配 ";
                return -2;// 关键字与序列号不匹配
            }

            if ((DateTime.Now.Date-regInfo.Date).TotalDays > regInfo.UseLimitDays)
            {
```

```
                desc = "序列使用到期";
                return -3;//关键字与序列号不匹配
            }

            desc = "序列号可用";
            return 0;
        }

        /// <summary>
        /// 获得剩余天数
        /// </summary>
        /// <param name="key">关键字，一般为CPU号、硬盘号、网卡号，用于与序列号绑定，实现一
机一码</param>
        /// <returns>剩余天数</returns>
        public static int GetRemainDays(string key)
        {
            if (String.IsNullOrEmpty(key))
            {
                throw new ArgumentNullException("参数为空");
            }

            object val = Application.UserAppDataRegistry.GetValue("SN");

            if (val == null)
            {
                return 0;
            }

            string sn = val.ToString();

            RegInfo regInfo = GetRegInfo(sn);
            string md5 = Safety.MD5(key);
            if (String.CompareOrdinal(md5.Substring(md5.Length - 5), regInfo.KeySn)
!= 0)
            {
                return 0;//关键字与序列号不匹配，不能使用。
            }

            //<=0证明不可以使用。
            return regInfo.UseLimitDays-(int)(DateTime.Now.Date - regInfo.Date).
TotalDays;
        }

        /// <summary>
        /// 根据序列号反推注册信息
```

```
    /// </summary>
    /// <param name="sn">序列号</param>
    /// <returns>注册信息</returns>
    private static RegInfo GetRegInfo(string sn)
    {
            RegInfo reg=new RegInfo();
            string[] splitSn = sn.Split('-');
            if (splitSn.Length != 5)
            {
                    throw new FormatException("序列号格式错误，应该带有'-'字符");
            }

            reg.KeySn = splitSn[0];
            reg.Offset = Dictionary.IndexOf(splitSn[4][0]);
            reg.Date = GetDate(splitSn[1] + splitSn[2].Substring(0, 3),reg.Offset);
            reg.RegLimitDays = GetRegLimitDays(splitSn[2].Substring(3, 2),reg.
Offset);
            reg.UseLimitDays = GetUseLimitDays(splitSn[3], reg.Offset);
            return reg;
    }

    /// <summary>
    /// 以当前时间和偏移量生成当前时间对应的字符串
    /// </summary>
    /// <param name="now">当前时间</param>
    /// <param name="offset">偏移量</param>
    /// <returns>返回日期对应的字符串，8位字符串</returns>
    private static string GetDateSn(DateTime now,int offset)
    {
            string dateSn = "";
            string date = now.ToString("yyyyMMdd");
            string newDic = Dictionary;
            for (int i = 0; i < date.Length; i++)
            {
                    newDic = GetNewDictionaryString(newDic, offset,OffsetType.Left);
                    int num = int.Parse(date[i].ToString());
                    dateSn += newDic[num].ToString();
            }
            return dateSn;
    }

    /// <summary>
    /// 根据注册时间序列号反推注册时间
    /// </summary>
    /// <param name="dateSn">时间字符串</param>
```

```
    /// <param name="offset">偏移量</param>
    /// <returns>时间</returns>
    private static DateTime GetDate(string dateSn, int offset)
    {
            string dateStr = "";
            string newDic = Dictionary;
            for (int i = 0; i < dateSn.Length; i++)
            {
                    newDic = GetNewDictionaryString(newDic, offset, OffsetType.Left);
                    int num = newDic.IndexOf(dateSn[i]);
                    dateStr += num;
            }
            return new DateTime(int.Parse(dateStr.Substring(0, 4)), int.
Parse(dateStr.Substring(4, 2)), int.Parse(dateStr.Substring(6, 2)));
    }

    /// <summary>
    /// 以注册时间限制和偏移量生成对应的字符串
    /// </summary>
    /// <param name="regLimitDays"></param>
    /// <param name="offset"></param>
    /// <returns>返回对应的注册时间限制的字符串，2位字符串</returns>
    private static string GetRegLimitSn(int regLimitDays, int offset)
    {
            string regLimitSn = "";
            string regLimitStr = regLimitDays.ToString("00");
            string newDic = Dictionary;
            for (int i = 0; i < regLimitStr.Length; i++)
            {
                    newDic = GetNewDictionaryString(newDic, offset, OffsetType.Left);
                    int num = int.Parse(regLimitStr[i].ToString());
                    regLimitSn += newDic[num].ToString();
            }
            return regLimitSn;
    }

    /// <summary>
    /// 根据注册时间限制字符串反推注册时间限制
    /// </summary>
    /// <param name="regLimitSn">注册时间限制字符串</param>
    /// <param name="offset">偏移量</param>
    /// <returns>注册时间限制</returns>
    private static int GetRegLimitDays(string regLimitSn, int offset)
    {
            string regLimitStr = "";
```

```
        string newDic = Dictionary;
        for (int i = 0; i < regLimitSn.Length; i++)
        {
                newDic = GetNewDictionaryString(newDic, offset, OffsetType.Left);
                int num = newDic.IndexOf(regLimitSn[i]);
                regLimitStr += num;
        }
        return int.Parse(regLimitStr);
}

/// <summary>
/// 以使用时间限制和偏移量生成对应的字符串
/// </summary>
/// <param name="useLimitDays">使用时间限制</param>
/// <param name="offset">偏移量</param>
/// <returns>使用时间限制对应的字符串，5位字符串</returns>
private static string GetUseLimitSn(int useLimitDays, int offset)
{
        string useLimitSn = "";
        string useLimitStr = useLimitDays.ToString("00000");
        string newDic = Dictionary;
        for (int i = 0; i < useLimitStr.Length; i++)
        {
                newDic = GetNewDictionaryString(newDic, offset, OffsetType.Left);
                int num = int.Parse(useLimitStr[i].ToString());
                useLimitSn += newDic[num].ToString();
        }
        return useLimitSn;
}

/// <summary>
/// 根据使用时间限制字符串反推使用时间限制
/// </summary>
/// <param name="regLimitSn">使用时间限制字符串</param>
/// <param name="offset">偏移量</param>
/// <returns>使用时间限制</returns>
private static int GetUseLimitDays(string useLimitSn, int offset)
{
        string useLimitStr = "";
        string newDic = Dictionary;
        for (int i = 0; i < useLimitSn.Length; i++)
        {
                newDic = GetNewDictionaryString(newDic, offset, OffsetType.Left);
                int num = newDic.IndexOf(useLimitSn[i]);
                useLimitStr += num;
```

```
            }
            return int.Parse(useLimitStr);
    }

    /// <summary>
    /// 根据字典、偏移量和偏移类型生成新的字典
    /// </summary>
    /// <param name="dic"></param>
    /// <param name="offset"></param>
    /// <param name="offsetType"></param>
    /// <returns></returns>
    private static string GetNewDictionaryString(string dic,int offset,OffsetType
offsetType)
    {
            StringBuilder sb = new StringBuilder(dic);
            if (offsetType == OffsetType.Left)
            {
                    for (int i = 0; i < offset; i++)
                    {
                            string head = sb[0].ToString();
                            sb.Remove(0, 1);
                            sb.Append(head);
                    }
            }
            else if(offsetType==OffsetType.Right)
            {
                    for (int i = 0; i < offset; i++)
                    {
                            string end = sb[dic.Length-1].ToString();
                            sb.Remove(dic.Length - 1, 1);
                            sb.Insert(0, end);
                    }
            }
            return sb.ToString();
    }
}
```

授权信息操作类主要是按规则生成序列号和将序列号解析为可用的信息。

17.4 代码混淆与代码破解

从安全角度来讲，.NET 程序如果不加混淆的话，很容易被反编译出源代码。从专业角度来讲，即使增加了序列号功能也无济于事，专业人员仍然可以轻易破解，尽管这样做的人很少，但是存在这种风险。

对于商用的软件来讲，增加混淆是很有必要的。

但不管 .NET 程序如何进行混淆，理论上都是可以破解的，破解方式通常有两种：注册机方式和暴力方式。

注册机的破解方式需要通过软件验证序列号的过程和机制反向推算出序列号的生成算法，根据反推的算法开发一个小软件，用于脱离作者授权生成序列号。这种方式不会破坏程序本身的代码，相对温和。

暴力的破解方式就是找到序列号验证部分的代码，通过删除或绕过验证代码等方式，不让代码有效执行。这种方式会对程序本身的代码进行改动，存在一定的风险。

第18章

CHAPTER 18

OPC 服务端和OPC 客户端介绍

OPC DA（数据访问）是一种工业协议，分 OPC 服务端和 OPC 客户端两大部分，此协议建立在微软公司 OLE/COM 技术的基础上，COM 技术的出现为简单地实现控制设备和控制管理系统之间的数据交换提供了技术基础。COM 为组件和应用程序之间进行的通信提供了统一的标准，它是通过组件和客户之间的接口来实现数据通信的。COM 提供了编写组件的一个标准方法，遵循 COM 标准的组件可以被组合起来以形成应用程序。组件和客户之间通过“接口”来进行联系，至于这些组件是谁编写的、如何实现的都无关紧要。

OPC 是统一的工业标准，这一标准的制定虽然主要由少数几家公司推动，但是有来自 90 多家公司的专家参与，并参考了来自 200 多个合作伙伴的评论意见，具有广泛的代表性。一批国际知名的控制类公司，如 ABB、Honeywell、National Instruments、Siemens、Toshiba 等相继宣布支持 OPC 标准。在这种情况下，OPC 无疑会在控制领域发挥重要作用。

采用 OPC 技术后，一个完整的监控系统由 OPC 客户端程序和 OPC 服务端程序组成，实际上实现了用户和设备供应商开发监控系统的分工。利用 OPC 技术就等于客户端程序不用直接从硬件上读取数据，而是直接从 OPC 服务端读取数据，设计 OPC 服务端程序的厂商已经完成了 OPC 服务端程序与硬件设备的数据存取。而且任意 OPC 服务端的接口的标准都是统一的，这让客户程序能用一种标准的方法去访问任意厂商的 OPC 服务端程序。每个用户不必各自开发与硬件的通信程序，就可以直接读取 OPC 服务端的数据，提高了代码的重用性。也就是说 OPC 客户端程序一旦开发成功了，就可以应用到任意一个带有 OPC 服务端的系统中，这样一来软件开发的复杂度大幅降低，开发周期也大大缩短，用户不需要购买比较昂贵的商业组态软件就能独立开发 OPC 客户端程序。

OPC 技术采用 COM/DCOM 技术的客户端 / 服务端 (Client/Server) 模型，使 OPC 的通用性得到了扩展。OPC 应用程序也分为 OPC 客户端部分和 OPC 服务端部分，一般来说，OPC 服务端程序由硬件的生产厂商开发，而 OPC 客户端程序由用户开发。实际上，服务端和客户端程序是一个有机的整体，在运行 OPC 客户端程序的时候，必然也会自动启动服务端。

OPC 作为一个标准协议，现在分为 OPC DA 和 OPC UA 两种，在工业领域经常使用。基于以太网的 OPC UA（开放平台通信 - 统一架构）通信标准正在快速发展，凭借其集成的安全机制，以及独立于供应商和平台的特性，为数字化提供了最佳基础条件。

18.1 OPC服务端

18.1.1 部署环境

OPC 服务端是基于 OPC 基金会官方组件（WtOPCSvr.dll）开发的，WtOPCSvr.dll 组件需要其他组件支持，根据操作系统的位数安装 OPC Core Components Redistributable 的 x86 或 x64 版本的组件。

安装完之后，查看“C:\Windows\System32”或“C:\Windows\SysWOW64”目录下是否存在

如图 18-1 所示的必要组件。

opc_aeps.dll	2011/1/17 19:41	应用程序扩展
opcbc_ps.dll	2011/1/17 19:41	应用程序扩展
opccomn_ps.dll	2011/1/17 19:41	应用程序扩展
OPCDAAuto.dll	2005/11/25 15:56	应用程序扩展
OpcEnum.exe	2011/1/17 19:41	应用程序
opchda_ps.dll	2011/1/17 19:41	应用程序扩展
opcproxy.dll	2011/1/17 19:41	应用程序扩展
opcsec_ps.dll	2011/1/17 19:41	应用程序扩展
OpcServices.dll	2014/10/29 9:17	应用程序扩展

客户端需要的组件

图18-1　OPC必要组件

18.1.2　源代码

如果是 Windows 7 以上版本的操作系统，需要用管理员模式打开 Visual Studio 开发工具，再加载 SuperIO_Demo 项目，否则调用 WtOPCSvr.dll 函数会失败。

SuperIO_Demo 项目中有 OPC 服务端的源代码，开发人员可以在此基础上进行扩展，如图 18-2 所示。

图18-2　OPC服务端源代码

WtOPCSvr.dll 是 OPC 基金会使用 C++ 开发的 OPC 服务端组件。对于 .NET 平台来讲，WtOPCSvr.dll 是非托管的组件，涉及 C# 调用 C++ 库；DllImport 是 System.Runtime.InteropServices 命名空间下的一个属性类，功能是提供从非托管 DLL 导出的函数的必要调用信息；DllImport 属性应用于方法，要求至少提供包含入口点的 DLL 的名称。

C# 调用 WtOPCSvr.dll 的 C++ 组件库的核心代码如下。

```
/// <summary>
///OPC 服务端 C# 版本操作类库
/// </summary>
public class OPCServer
```

```
{
        public static readonly  int   OPC_QUALITY_MASK = 0xC0;
        public static readonly  int   OPC_STATUS_MASK = 0xFC;
        public static readonly  int   OPC_LIMIT_MASK = 0x03;
        public static readonly  int   OPC_QUALITY_BAD = 0x00;
         public static readonly  int    OPC_QUALITY_UNCERTAIN=0x40;
         public static readonly  int    OPC_QUALITY_GOOD=0xC0;
         public static readonly  int    OPC_QUALITY_CONFIG_ERROR=0x04;
         public static readonly  int    OPC_QUALITY_NOT_CONNECTED=0x08;
         public static readonly  int    OPC_QUALITY_DEVICE_FAILURE=0x0c;
         public static readonly  int    OPC_QUALITY_SENSOR_FAILURE=0x10;
         public static readonly  int    OPC_QUALITY_LAST_KNOWN=0x14;
         public static readonly  int    OPC_QUALITY_COMM_FAILURE=0x18;
         public static readonly  int    OPC_QUALITY_OUT_OF_SERVICE=0x1C;
         public static readonly  int    OPC_QUALITY_LAST_USABLE=0x44;
         public static readonly  int    OPC_QUALITY_SENSOR_CAL =0x50;
         public static readonly  int    OPC_QUALITY_EGU_EXCEEDED=0x54;
         public static readonly  int    OPC_QUALITY_SUB_NORMAL=0x58;
         public static readonly  int    OPC_QUALITY_LOCAL_OVERRIDE=0xD8;
         public static readonly  int    OPC_LIMIT_OK=0x00;
         public static readonly  int    OPC_LIMIT_LOW=0x01;
         public static readonly  int    OPC_LIMIT_HIGH =0x02;
         public static readonly  int    OPC_LIMIT_CONST=0x03;

         [DllImport("WtOPCSvr.dll")]
             internal  static extern bool Deactivate30MinTimer(
[MarshalAs(UnmanagedType.LPStr)]string serial);

         [DllImport("WtOPCSvr.dll")]
         public static extern bool SetThreadingModel(int dwCoInit);

         [DllImport("WtOPCSvr.dll")]
       public static extern bool InitWTOPCsvr(
          [MarshalAs(UnmanagedType.LPStr)] string clsID_Svr,
          int ServerRate);

         [DllImport("WtOPCSvr.dll")]
         public static extern bool UninitWTOPCsvr();

         [DllImport("WtOPCSvr.dll")]
         public static extern bool ResetServerRate(uint dwCoInit);

         [DllImport("WtOPCSvr.dll")]
       public static extern bool UpdateRegistry(
          [MarshalAs(UnmanagedType.LPStr)]string clsID_Svr,
```

```
            [MarshalAs(UnmanagedType.LPStr)] string proName,
            [MarshalAs(UnmanagedType.LPStr)] string desc,
            [MarshalAs(UnmanagedType.LPStr)] string proPath);

        [DllImport("WtOPCSvr.dll")]
      public static extern bool UnregisterServer(
            [MarshalAs(UnmanagedType.LPStr)] String clsID_Svr,
            [MarshalAs(UnmanagedType.LPStr)] String proName);

        [DllImport("WtOPCSvr.dll")]
        public static extern void SetVendorInfo([MarshalAs(UnmanagedType.LPStr)]
string vendorInfo);

        [DllImport("WtOPCSvr.dll")]
        public static extern bool SetCaseSensitivity(bool bOn);
        #endregion

        #region OPC Item Functions
        [DllImport("WtOPCSvr.dll")]
        public static extern char  SetWtOPCsvrQualifier (char qualifier);

        [DllImport("WtOPCSvr.dll")]
        public static extern int CreateTag (string name,object val,int
initialQuality,bool isWritable);

        [DllImport("WtOPCSvr.dll")]
        public static extern bool UpdateTag(int handle,object val,int quality);

        [DllImport("WtOPCSvr.dll")]
        public static extern bool UpdateTagWithTimeStamp (int tagHandle,object
val,int quality,FILETIME  timestamp);

        [DllImport("WtOPCSvr.dll")]
        public static extern bool UpdateTagByName ([MarshalAs(UnmanagedType.
LPTStr)]string name,object val,int quality);

        [DllImport("WtOPCSvr.dll")]
        public static extern bool SetTagProperties(int tagHandle,int
propertyID,[MarshalAs(UnmanagedType.LPTStr)]string desc,object val);

        [DllImport("WtOPCSvr.dll")]
        public static extern bool ReadTag (int handle,ref object val);

        [DllImport("WtOPCSvr.dll")]
        public static extern bool ReadTagWithTimeStamp ( int tagHandle,ref
```

```
object val,ref int quality,ref FILETIME  timestamp);

          [DllImport("WtOPCSvr.dll")]
          public static extern bool SuspendTagUpdates(int tagHandle,bool OnOff);

          [DllImport("WtOPCSvr.dll")]
          public static extern bool RemoveTag(int handle);
          #endregion

          #region RWD   2-Aug-2000    ARtI - Associates for Real-time Information
          [DllImport("WtOPCSvr.dll")]
          public static extern void SetServerState(OPCSERVERSTATE ServerState);

          [DllImport("WtOPCSvr.dll")]
          public static extern uint SetHashing(uint sizeHash);

        [DllImport("WtOPCSvr.dll")]
          public static extern bool StartUpdateTags ();

          [DllImport("WtOPCSvr.dll")]
          public static extern bool UpdateTagToList(int tagHandle,object val,int
quality);

          [DllImport("WtOPCSvr.dll")]
          public static extern bool EndUpdateTags ();
          #endregion

          #region Auxilary Functions
          [DllImport("WtOPCSvr.dll")]
          public static extern int NumbrClientConnections();

          [DllImport("WtOPCSvr.dll")]
          public static extern void RequestDisconnect();

          [DllImport("WtOPCSvr.dll")]
          public static extern bool RefreshAllClients();

          [DllImport("WtOPCSvr.dll")]
          public static extern bool ConvertVBDateToFileTime1(ref double pVBDate,ref
FILETIME  pFileTime);

          [DllImport("WtOPCSvr.dll")]
          public static extern bool ConvertFileTimeToVBDate1(ref FILETIME
pFileTime,ref double pVBDate);
          #endregion
```

```
        #region Callback Enabling Functions
        [DllImport("WtOPCSvr.dll")]
      public static extern bool EnableWriteNotification(WRITENOTIFYPROC
lpCallback,bool ConvertToNativeType);

        [DllImport("WtOPCSvr.dll")]
        public static extern bool EnableUnknownItemNotification(UNKNOWNITEMPROC
lpCallback);

        [DllImport("WtOPCSvr.dll")]
        public static extern bool EnableItemRemovalNotification(ITEMREMOVEDPROC
lpCallback);

        [DllImport("WtOPCSvr.dll")]
        public static extern bool EnableDisconnectNotification(DISCONNECTPROC
lpCallback);

        [DllImport("WtOPCSvr.dll")]
        public static extern bool EnableEventMsgs(EVENTMSGPROC lpCallback);

        [DllImport("WtOPCSvr.dll")]
        public static extern bool EnableRateNotification(RATECHANGEPROC
lpCallback);

        [DllImport("WtOPCSvr.dll")]
        public static extern bool EnableDeviceRead(DEVICEREADPROC lpCallback);
        #endregion

        #region Support for Alarms & Events
        [DllImport("WtOPCSvr.dll")]
        public static extern bool UserAEMessage(string msg,int severitry);

        [DllImport("WtOPCSvr.dll")]
        public static extern bool UserAEMessageEx(ONEVENTSTRUCT msg);

        [DllImport("WtOPCSvr.dll")]
        public static extern bool UserAEMessageEx2(int hEventSubscription,
ONEVENTSTRUCT Msg, bool bRefresh, bool bLastRefresh);
        #endregion

        #region Alerm
        [DllImport("WtOPCSvr.dll")]
        public static extern bool SetItemLevelAlarm(int TagHandle, int LevelID,
float Limit, int  Severity,bool Enabled);
```

```
            [DllImport("WtOPCSvr.dll")]
            public static extern bool GetItemLevelAlarm(int TagHandle, int LevelID,
ref float Limit, ref int  Severity,ref bool Enabled);
            #endregion
}
```

启动和使用 OPC 服务的核心代码如下。

```
/// <summary>
/// 初始化 OPC 服务端
/// </summary>
/// <param name=" opcServerName">OPC 服务实例名称 </param>
/// <param name=" opcLicense">OPC 授权序列号 </param>
public static void Initialize(string opcServerName,string opcLicense)
{
  // 判断 OPC 服务是否启动
  if (!IsRunning)
  {
      // 互斥锁
      lock (SyncLock)
      {
         if (!IsRunning)
         {
             string license= opcLicense;
             // 解除 OPC 服务 30 分钟的使用限制
             if (!OPCServer.Deactivate30MinTimer(license))
             {
                 Log.Info(true, "OPC 服务授权失败，请核实注册信息 ");
             }

             string serverName = opcServerName;
             // 获得当前应用程序的路径
             string serverPath = Application.ExecutablePath;
             // 注册 OPC 服务
             if (OPCServer.UpdateRegistry(serverName, serverPath))
             {
                 Log.Info(true, " 注册 OPC 服务成功 ");
                 OPCServer.SetVendorInfo("SuperIO.OPC");
                 // 设置 OPC 服务的状态
                 OPCServer.SetServerState(OPCSERVERSTATE.OPC_STATUS_RUNNING);
                 // 初始化 OPC 服务
                 if (OPCServer.InitWTOPCsvr())
                 {
                    IsRunning = true;
                    Log.Info(true, " 初始化 OPC 服务成功 ");
```

```
                }
                else
                {
                    Log.Info(true, "初始化OPC服务失败");
                }
            }
            else
            {
                Log.Info(true, "注册OPC服务失败");
            }
        }
    }
  }
}

/// <summary>
/// 更新OPC服务的tag数据值
/// </summary>
/// <param name=" tagName">Tag名称</param>
/// <param name=" val">Tag值</param>
public static void UpdateTag(string tagName,object val)
{
    if(!IsRunning)
    {
       return;
    }

    if (val != null)
{
     //判断当前tag句柄是否存在
        if (!TagHandles.ContainsKey(tagName))
        {
            //如果tag句柄不存在，那么创建一个新的tag
            int handle = OPCServer.CreateTag(tagName, val, WtOPCSvr.OPC_QUALITY_
GOOD, true);
            if (handle > 0)
           {
               //缓存tag句柄
               TagHandles.Add(tagName, handle);
           }
           else
           {
               OPCServerInstance.Log.Error(true, "创建tag失败");
           }
        }
```

```
            else
            {
                int handle = TagHandles[tagName];
                // 如果 tag 句柄存在，那么更新当前 tag 的值
                if (!OPCServer.UpdateTag(handle, val, WtOPCSvr.OPC_QUALITY_GOOD))
                {
                    OPCServerInstance.Log.Error(true, " 更新 tag 失败 ");
                }
            }
        }
    }
```

OPC 服务的基本应用主要包括两部分，即初始化和更新数据。

18.1.3 配置OPC 服务端

1. 增加调试代码

增加调试代码，让 OPC 服务端插件在菜单上显示，可以通过菜单事件调用配置窗体，如图 18-3 所示。

```
////////加载需要导出的实例
//this.DebugExportData((SuperIO.Export.IExportData)_export);
////加载服务的实例
//_service.ServiceType = ServiceType.Show;
//_service.IsAutoStart = true;
//this.DebugAppService((SuperIO.Services.IAppService)_service);

_opcservice.ServiceType = ServiceType.Show;
_opcservice.IsAutoStart = false;
this.DebugAppService((SuperIO.Services.IAppService)_opcservice);
```

图18-3　调用配置窗体

2. 调用 OPC 服务端配置功能

在配置工具应用程序的【服务】菜单中选择【OPC 服务端】选项，如图 18-4 所示。

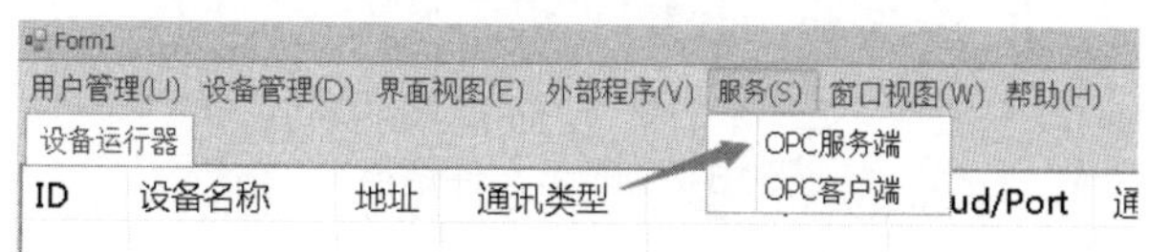

图18-4　选择【OPC服务端】子菜单项

会显示配置窗体，如图 18-5 所示。

图18-5　显示配置窗体

3. 配置数据源

选择【配置数据源】菜单，会弹出【选择数据类型】提示框。数据源支持 Access 方式和 SQLServer 方式，在事例中选择【Access】作为 OPC 服务端的数据源类型，如图 18-6 所示。单击【下一步】按钮，显示选择 Access 数据库的文件路径。

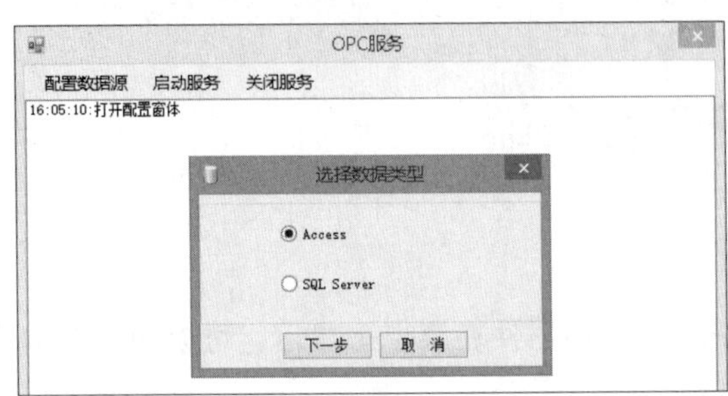

图18-6　配置数据源

选择要输出的数据的 Access 文件路径，如果没有密码，需要选中【使用空白密码】复选框，如图 18-7 所示。单击【下一步】按钮。

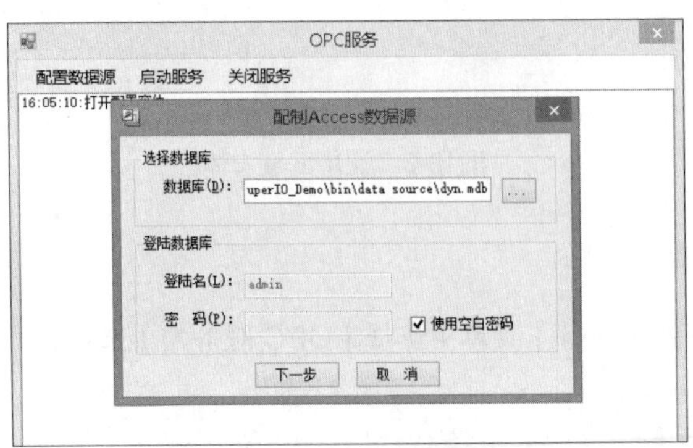

图18-7　显示文件路径

选择相应的“数据表”及需要增加的“数据字段”，填写对应的字段别名和字段类型，单击【增加标签】按钮，作为筛选数据的条件之一。注意，第一个增加的字段必须是唯一标识，如设备编号、设备 ID 等，如图 18-8 所示。配置好之后，单击【应用】按钮。

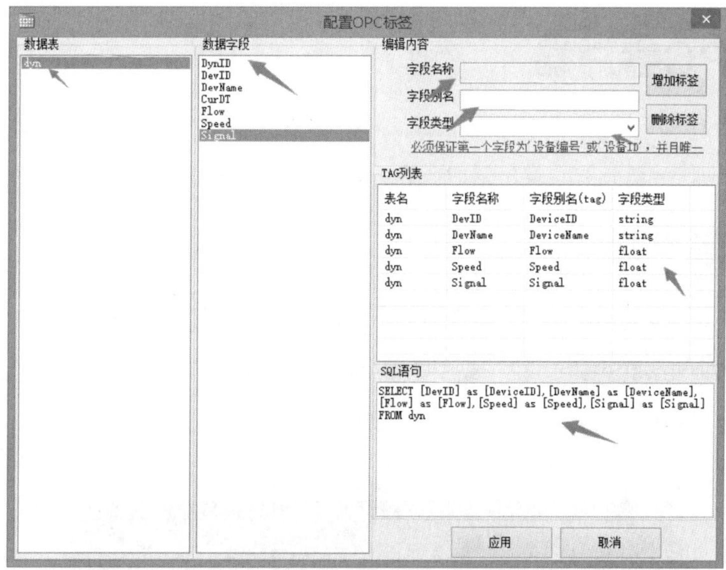

图18-8　显示配置标签窗体

系统会自动更新 OPC 数据，如图 18-9 所示。

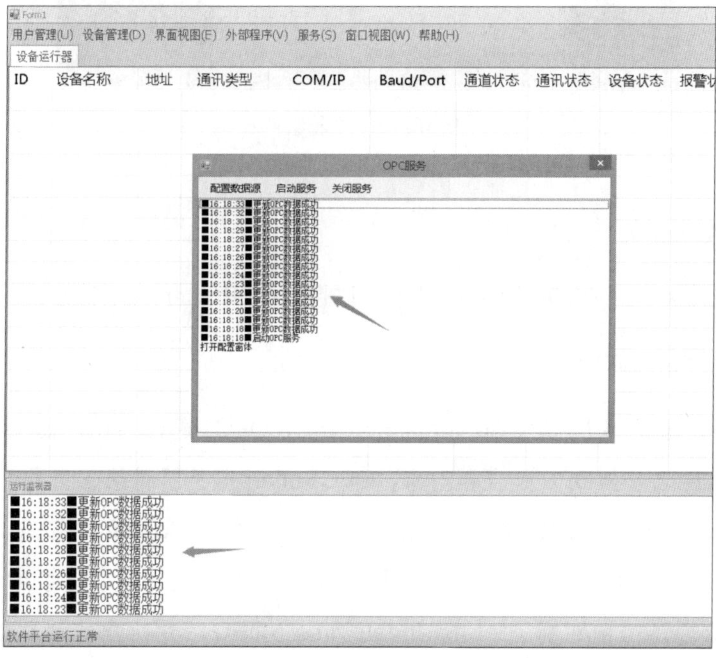

图18-9　自动更新OPC数据

开发者可以在此源代码的基础上增加其他类型的数据源，如 Oracle、MySQL 等。

18.2 OPC客户端

18.2.1 部署环境

客户端是基于 OPCDAAuto.dll 组件开发的，需要客户端注册该组件。把 OPCDAAuto.dll 组件文件复制到“C:\Windows\System32”或“C:\Windows\SysWOW64”目录中，以管理员身份运行命令行程序，运行“regsvr32”命令注册组件，如图 18-10 所示。

图18-10　注册组件

18.2.2 源代码

OPC 客户端需要引用 OPCDAAuto.dll 组件，主要包括 OPCServer、OPCGroup 和 OPCItem。

1. OPCServer 服务器对象

OPCServer 服务器对象是 OPCServer 的一个实例，OPC 服务端自动包含一个 OPC 组集合对象，可在其基础上生成一个 OPC 浏览器对象。OPCServer 服务器对象在使用其他 OPC 对象前必须生成。OPCServer 提供了访问数据源和通信的方法，并提供了 Connect 方法来连接 OPC 服务端。

其主要属性有 StartTime（只读属性，服务器启动运行的时间）、CurrentTime（只读属性，返回服务器显示的当前时间）、LastUpdateTime（OPC 应用程序的最后数据更新时间）、MajorVersion（只读属性，OPC 服务端的主版本号）、MinorVersion（只读属性，OPC 服务端的次版本号）、DeadBand（只读属性，返回 OPC 服务端的不敏感区的百分比）、ServerState（只读属性，返回服务器的运行状态，这个属性是比较重要的，方便客户端程序查询服务器的状态，从而达到排除故障的目的）、ServerName（只读属性，返回客户程序所要连接的服务器名，也就是

OPC 服务端的 ProgID）、ServerNode（服务器所在计算机名或者计算机的 IP，用于连接远程的计算机）等。

其主要方法有 GetOPCServers（获得已经注册的 OPC 服务端的程序标识符，即 ProgID）、Connect（用来建立与 OPC 数据存取服务器的连接）、Disconnect（断开与服务器的连接）、CreateBrowser（创建 OPC 浏览器的对象）等。

其主要事件为 ServerShutDown（关闭服务器，这个事件在服务器即将关闭之前发生，OPC 服务端以此通知 OPC 客户端服务器即将关闭，OPC 客户端应该在接到此事件通知后，立即清除所有的 OPC 组并断开与 OPC 服务端的连接）。

2. OPCGroups 组集合对象

OPCGroup 组集合对象是 OPC 组的容器，包含所有客户端创建的 OPCGroup 对象的自动化集合。这个对象的用途是添加、清除和管理 OPC 组。

其主要属性有 DefaultGroupIsActive（新添加的 OPC 组的活动状态的默认值，初始值是活动状态）、DefaultGroupUpdateRate（新添加的 OPC 组的默认数据更新周期，初始值是 1000 毫秒）、DefaultGroupDeadband（新添加的 OPC 组的默认不敏感区，即能引起数据变化的最小数值百分比，默认值是 0）、DefaultGroupLocaleID（新添加的 OPC 组区域标识符的默认值）、DefaultGroupTimeBias（新添加的 OPC 组的时间偏差的默认值）等。

其主要方法有 Item（OPC 组集合的默认方法，返回由集合索引指定的 OPC 组对象）、Add（在 OPC 组集合对象中添加一个组对象）、GetOPCGroup（返回指定的 OPC 组）、RemoveAll（为服务器关机做准备，删除所有组和标签）、Remove（删除一个指定的组）、ConnectPublicGroup（连接到公共组）等。

其主要事件为 AllGroupsDataChange（由多个 OPC 组的数据变化而引发的事件）。

3.OPCGroup 组对象

OPC 组对象是 OPCGroup 的一个实例，它包含自身的信息，同时向 OPCItems 对象提供数据获取服务，自动包含一个 Items 集合对象，允许客户端来组织它们需要访问的数据。OPCGroup 可以作为一个单元来进行激活或停止激活操作。

其主要属性有 Name（OPC 组的名称）、IsPublic（判断是否为公共组）、IsActive（控制组的激活状态，只有活动状态的 OPC 组才进行定期的数据更新）、IsSubscribed（控制组的订阅状态）、ClientHandle（客户句柄是由客户端指定的用于识别某个 OPC 组的长整型数，当进行数据访问或询问 OPC 组状态时，服务器会将这个数值和结果一起返回给 OPC 客户端）、TimeBias（数据采样时间的时间偏差值，用于调整设备时间和 OPC 服务端时间的偏差）、DeadBand（不敏感区，只有数据变化超过此不敏感区时，服务器才触发数据变化事件）、UpdateRate（数据更新周期）、OPCItems（OPC 组的默认属性，OPC 标签集合对象）。

其主要方法有 SyncRead（同步读 OPC 组内单个或多个 OPC 项的数据值、质量标志和采样时间）、Syncwrite（同步写入 OPC 组内单个或多个 OPC 项的数据值）、AsyncRead（异步读）、Asyncwrite（异步写）、AsyncRefresh（触发数据变化事件，刷新 OPC 组内所有活动的 OPC 标签的数据，在数据变化事件 DataChange 回调函数中返回数据。

其主要事件有 DataChange（OPC 组内任何 OPC 项的数据值或质量标志变化时触发的事件）、AsyncReadComplete（异步读结束时发生的事件）、AsyncWriteComplete（异步写结束时发生的事件）等。

4. OPCItems 项集合对象

OPCItems 项集合对象也就是标签集合对象，是 OPC 项对象的容器，即自动化客户程序创建的 OPCGroup 对象所包含的所有 OPCItems 对象的自动化集合。

其主要属性有 Parent（返回所属的 OPC 组对象）、DefaultRequestedDataType（添加 OPC 项时默认要求的数据类型，初始值是控制设备的固有数据类型，即 VT_Empty）、DefaultAccessPath（添加 OPC 项时默认的数据访问路径，初始值是空）、DefaultIsActive（添加 OPC 项时默认的激活状态，初始值是真）、Count（集合对象的固有属性，OPC 项集合中的 OPC 项数）。

其主要方法有 Item（返回 OPC 标签集合中由集合索引指定的 OPC 标签）、GetOPCItem（返回 OPC 项集合中由服务器句柄指定的 OPC 项）、AddItem（在 OPC 项集合中添加新的 OPC 项）、Remove（删除指定的项）、Validate（检查项创建的有效性）、SetActive（分别设置项为活动或非活动状态）、SetClientHandles（设置 OPC 项的客户句柄）、SetDataTypes（设置 OPC 项要求的数据类型）。

5. OPCItem 对象

OPCItem 对象表示与 OPC 服务端内某个数据的连接，各个项包含了数据值、质量标志及采样时间，数据值的类型为 VARIANT。

其主要属性有 ClientHandle（客户句柄是由客户端指定的用于识别某个 OPC 组的长整型数，当 OPC 组事件发生时，服务器将这个客户句柄和结果一起返回给 OPC 客户程序）、ServerHandle（服务器句柄是由 OPC 服务端设置的用于识别某个 OPC 标签的一个全局唯一长整型数）、AccessPath（返回 OPC 客户程序指定的访问路径）、AccessRights（返回 OPC 项的访问权）、ItemID（返回识别这个 OPC 项的标识符）、IsActive（用于控制 OPC 项的活动状态）、RequestedDataType（获取项的值的数据类型）、Value（返回从 OPC 服务端读取的最新数据值）、

Quality（返回从 OPC 服务端读取的最新数据值的质量标志）、TimeStamp（时间戳）等。

其主要方法有 Read（从服务器读取 OPC 项的数值）、Write（向服务器写入 OPC 项的数值）。

6. OPC 浏览器对象

OPC 浏览器对象 OPCBrowser 是 OPC 服务端名称空间的枝和叶的集合，可以浏览服务器配置项中的名字，一个 OPCServer 对象实例中只能有一个 OPCBrowser 对象的实例。浏览器功能是选用功能，OPC 服务端不支持浏览器的时候，即使执行 CreateBrowser 命令也不生成这个对象。

其主要属性有 Organization（OPC 服务端的名称空间的类型，有平面型和树型两种）、Filter（使用 ShowBranches 或 ShowLeafs 方法时的浏览对象过滤器，使用这个过滤器可以缩小要浏览的名称范围）、DataType（使用 ShowLeafs 方法时，希望浏览的标签的数据类型）、Count（浏览结果中的标签数）。

其主要方法有 Item（返回浏览结果中按集合索引 ItemSpecifier 指定的对象）、ShowBranches（将现在位置下的所有符合过滤条件的枝加入浏览结果）、ShowLeafs（将现在位置下的所有符合过滤条件的叶加入浏览结果）、MoveUp（向现在位置的上一层移动）、MoveToRoot（向名称空间的最上层移动）、MoveDown（向现在位置的下一层移动）、MoveTo（向浏览器的绝对位置移动）、GetItemID（由浏览标签的名称返回 OPC 标签的标识符）。

“SuperIO_Demo”项目中有 OPC 客户端服务的源代码，开发人员可以在此基础上进行扩展，如图 18-11 所示。

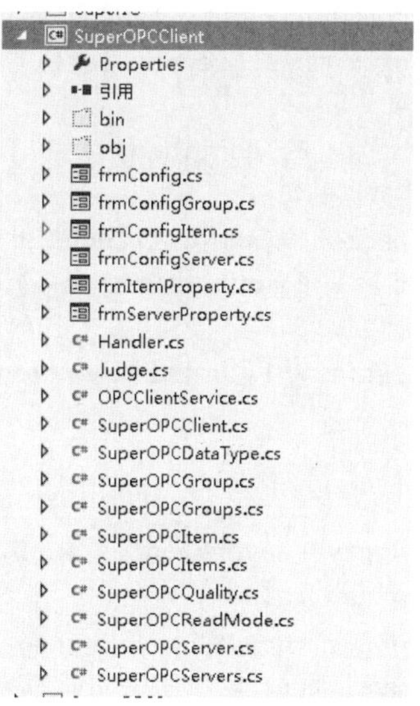

图18-11　OPC客户端源代码

OPC 客户端读取数据分为同步读取、异步读取和订阅读取三种方式，SuperOPCClient 是具体的操作类库。

同步读取指定 OPC 标签对应的过程数据时，应用程序一直要等到读取完成为止；写入指定 OPC 标签对应的过程数据时，应用程序一直等到写入完成为止。当客户数据较少而且同服务器交互的数据量比较少的时候可以采用这种方式，然而当网络堵塞或有大量客户访问时，使用这种方式会造成系统的性能效率下降。同步读取数据的代码如下。

```
/// <summary>
/// 同步读取数据
/// </summary>
private void SyncTimer()
{
    while (_IsRun)
    {
        if (SuperOPCSyncTimerHandler != null && _ReadMode == SuperOPCReadMode.
SyncTimer)
        {
            #region
            //遍历 OPC 服务集合
            for (int i = 0; i < this._serverList.Count; i++)
            {
                #region
                string svrName = this._serverList[i].ProgID;
                //遍历 OPC 服务的组集合
                for (int j = 0; j < this._serverList[i].Groups.Count; j++)
                {
                    string grpName = this._serverList[i].Groups[j].Name;
                    int count = this._serverList[i].Groups[j].Items.Count;

                    if (count <= 0) continue;
                    //赋值读数据的句柄
                    int[] handles = new int[count + 1];
                    for (int m = 0; m < count; m++)
                    {
                        handles[m + 1] = this._serverList[i].Groups[j].Items[m].
ServerHandle;
                    }

                    System.Array serverHandles = (System.Array)handles;
                    System.Array values;
                    System.Array errors;
                    object qualitys;
                    object timestamps;
                    //同步读数据操作
                    this._serverList[i].Groups[j].InternalGroup.SyncRead
                    (
                        (short) OPCAutomation.OPCDataSource.OPCDevice,
```

```
                    serverHandles.Length,
                    ref serverHandles,
                    out values,
                    out errors,
                    out qualitys,
                    out timestamps
                );

                //转换读取的数据集合
                object[] vals = (object[]) ArrayList.Adapter(values).
ToArray(typeof (object));
                int[] quals = (int[]) ArrayList.Adapter((Array) qualitys).
ToArray(typeof (int));
                int[] errs = (int[]) ArrayList.Adapter(errors).ToArray(typeof
(int));
                DateTime[] ts =(DateTime[]) ArrayList.Adapter((Array)
timestamps).ToArray(typeof (DateTime));

                SuperOPCSyncTimerArgs paraArgs = new
SuperOPCSyncTimerArgs(svrName, grpName, count, handles, vals, errs, quals, ts);
                    SuperOPCSyncTimerHandler(_serverList, paraArgs);
            }

            #endregion

            System.Threading.Thread.Sleep(50);
        }
        #endregion

        System.Threading.Thread.Sleep(1000);
      }
    }
}
```

异步读取指定 OPC 标签对应的过程数据，应用程序读取操作完成后立即返回，读取完成时触发读取完成事件，OPC 应用程序被调用；写入指定 OPC 标签对应的过程数据，应用程序发出写入要求后立即返回，写入完成时触发写入完成事件，OPC 应用程序被调用。异步读取数据的方式效率更高，能够避免多客户、大量数据请求的阻塞，并可以最大限度地节省 CPU 和网络资源。异步读取数据的代码如下。

（1）初始化。

```
/// <summary>
/// 初始化异步读取订阅事件
/// </summary>
```

```
public void Initialize()
{
    // 获得 OPC 服务集合
    this._servers=OPCClientServers<OPCClientServer>.ConvertServers(_config,ref _
hashTable);

    if (_servers!=null && _servers.Count>0)
    {
        for (int i = 0; i < this._servers.Count; i++)
        {
            for (int j = 0; j < this._servers[i].Groups.Count; j++)
            {
                // 绑定订阅事件
                this._servers[i].Groups[i].InternalGroup.IsSubscribed=true;
                this._servers[i].Groups[i].InternalGroup.AsyncReadComplete +=
InternalGroup_AsyncReadComplete;
            }
        }
        this.InitThread();
    }
}
```

（2）线程周期执行异步读取数据操作。

```
/// <summary>
/// 异步读取 OPC 服务的数据
/// </summary>
private void AsyncRead_Thread()
{
    while (_IsThreadRun)
{
    // 遍历 OPC 服务集合
        for (int i = 0; i < this._servers.Count; i++)
        {
            // 遍历 OPC 服务的组集合
            for (int j = 0; j < this._servers[i].Groups.Count; j++)
            {
                int count = this._servers[i].Groups[j].Items.Count;
                if (count <= 0)
                {
                    continue;
                }

                int[] handles = new int[count + 1];
                for (int m = 0; m < count; m++)
                {
```

```
                    handles[m+1] = this._servers[i].Groups[j].Items[m].ServerHandle;
                }

                System.Array serverHandles = (System.Array)handles;
                System.Array errors;
                int transactionID = 0;
                int cancelID = 0;

                try
                {
                    // 异步读取数据
                    this._servers[i].Groups[j].InternalGroup.AsyncRead(count, ref
serverHandles, out errors, transactionID, out cancelID);
                }
                catch (Exception ex)
                {
                     OPCClientUtil.Log.Error(true, "", ex);
                }
            }
          #endregion
        }
        Thread.Sleep(_readInterval);
    }
}
```

（3）异步读取数据返回操作。

```
/// <summary>
/// 异步读取数据回调函数，用于处理数据
/// </summary>
private void Group_DataChange(int TransactionID, int NumItems, ref Array
ClientHandles, ref Array ItemValues, ref Array Qualities, ref Array TimeStamps)
{
    if (OPCClientDataChangeEvent != null)
    {
        int[] handles = (int[])ArrayList.Adapter(ClientHandles).
ToArray(typeof(int));
        Tuple<string[], string[]> itemInfo = GetItemInfo(handles);
        string[] itemIds = itemInfo.Item1;
        string[] itemNames = itemInfo.Item2;
        object[] values = (object[])ArrayList.Adapter(ItemValues).
ToArray(typeof(object));
        int[] qualities = (int[])ArrayList.Adapter(Qualities).ToArray(typeof(int));
        DateTime[] ts = (DateTime[])ArrayList.Adapter(TimeStamps).
ToArray(typeof(DateTime));
        ConvertUtcToLocalTimes(ts);
```

```
        OPCClientDataChangeEventArgs autoArgs = new
OPCClientDataChangeEventArgs(TransactionID, NumItems,
handles,itemIds,itemNames,values, qualities, ts);
         OPCClientDataChangeEvent.BeginInvoke(this._servers, autoArgs,null,null);
    }
}
```

订阅读取数据时，服务器用一定的周期检查过程数据，发现数字数据发生变化或者模拟数据的变化范围超过不敏感区后，会立刻通知客户端，传递相应信息。订阅读取数据技术基于“客户-服务器-硬件设备”模型，在服务器的内部建立预定数据的动态缓存，当数据变化时刷新动态缓存，并向订阅了这些数据的客户端发送最新的数据信息。这使网络上的请求包数量大大减少，并有效降低了对服务器的重复访问次数。在数据点很多的情况下，这种通信方式的优势更能凸现出来。订阅读取数据的代码如下。

（1）初始化。

```
// <summary>
/// 初始化订阅读取数据绑定事件
/// </summary>
public void Initialize()
{
    // 获得 OPC 服务集合
    this._servers=OPCClientServers<OPCClientServer>.ConvertServers(_config,ref _
hashTable);
    if (_servers!=null && _servers.Count>0)
    {
        for (int i = 0; i < this._servers.Count; i++)
        {
                for (int j = 0; j < this._servers[i].Groups.Count; j++)
                {
                    this._servers[i].Groups[i].InternalGroup.IsSubscribed = true;
                    this._servers[i].Groups[i].InternalGroup.DataChange +=new
DIOPCGroupEvent_DataChangeEventHandler(Group_DataChange);
                }
        }
    }
}
```

（2）订阅读数据返回操作，与异步读取数据返回操作相同，代码不再重复展示。

18.2.3 配置OPC客户端

在配置工具应用程序的【服务】菜单中选择【OPC 客户端】选项，如图 18-12 所示。

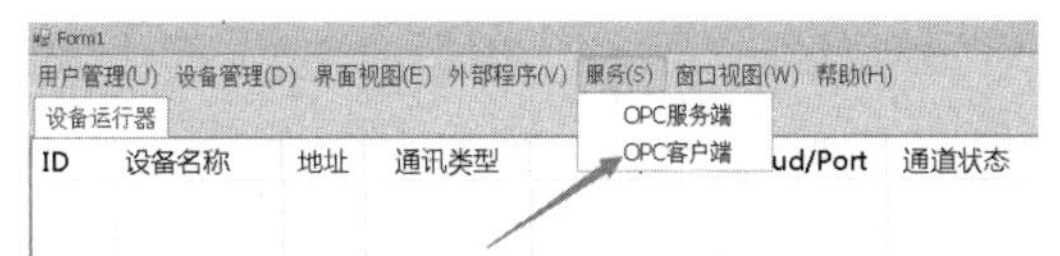

图18-12　选择OPC客户端

单击该选项后，会显示配置窗体。把鼠标移到工具栏的图标上会显示相应的功能说明，单击【增加 OPC 服务端】按钮，会显示可浏览 OPC 服务名称的窗口，如图 18-13 所示。

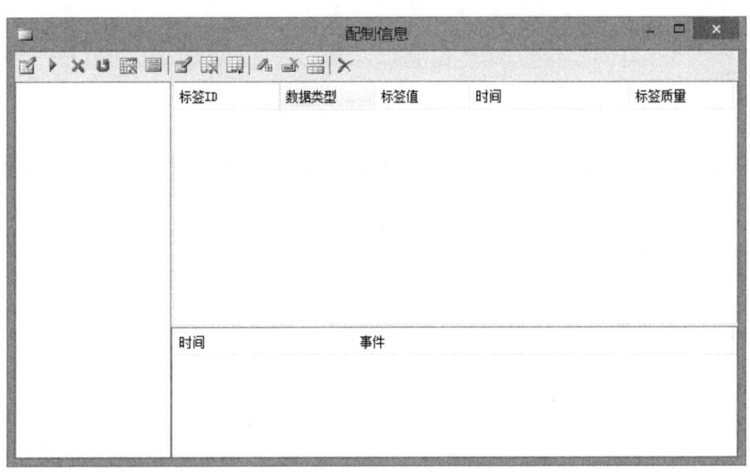

图18-13　可浏览OPC服务名称的窗口

填好正确的服务器 IP 后，单击【获得 OPC 服务】按钮，选择相应的服务名称后，单击【增加】按钮，如图 18-14 所示。

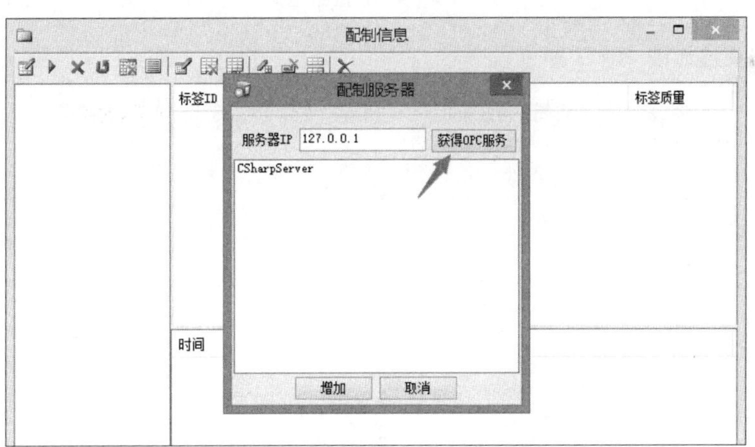

图18-14　获取OPC服务

单击【增加 OPC 组】工具栏按钮，会在当前 OPC 服务下增加相应的组别，如图 18-15 所示。

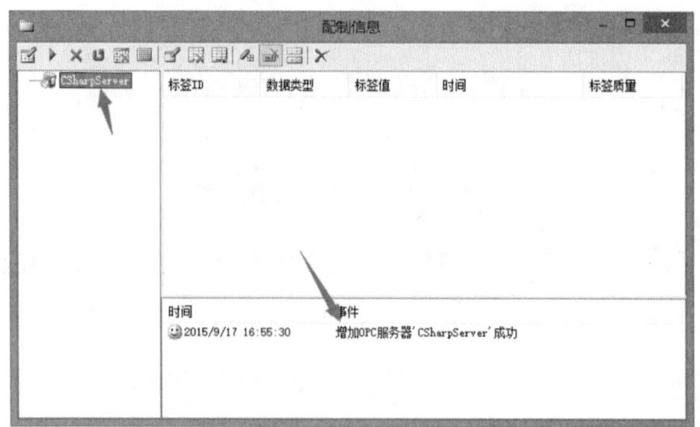

图18-15　增加OPC组

在【配置组信息】对话框中填写好组名称及其他参数后，单击【增加】按钮，如图 18-16 所示。

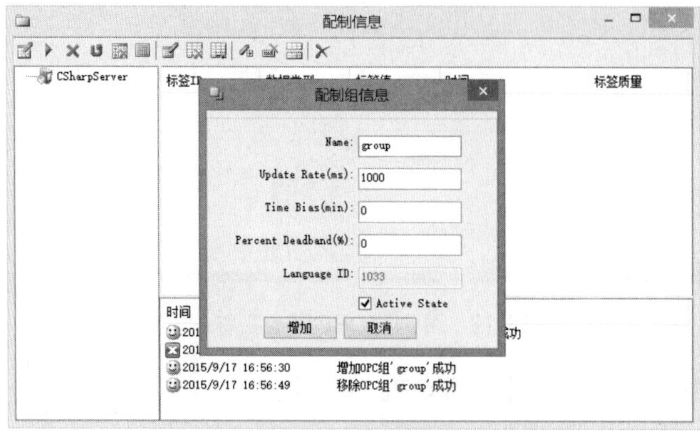

图18-16　配置组信息

增加成功后页面如图 18-17 所示。

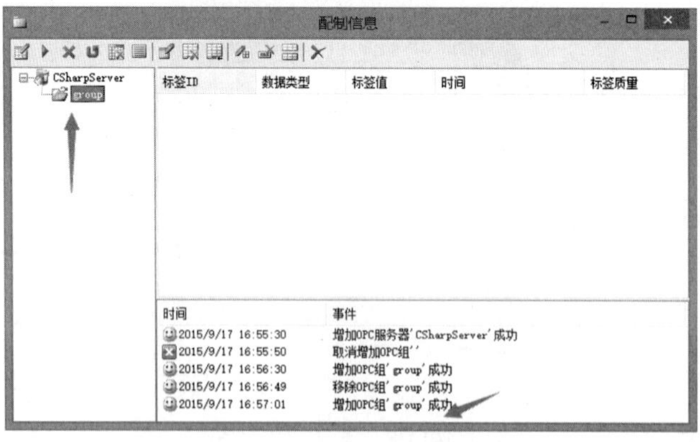

图18-17　增加OPC组成功

单击【增加 OPC 标签】工具栏按钮，会显示所有标签项，选择要读取数据的标签，如图

18-18 所示。

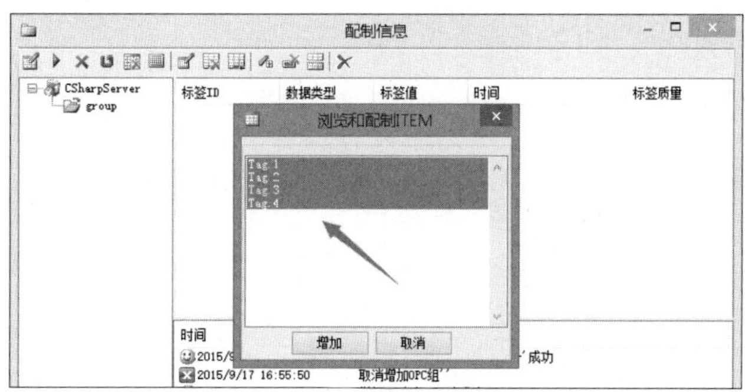

图18-18　选择要读取数据的标签

选择相应的标签，单击【增加】按钮，增加成功后如图 18-19 所示。

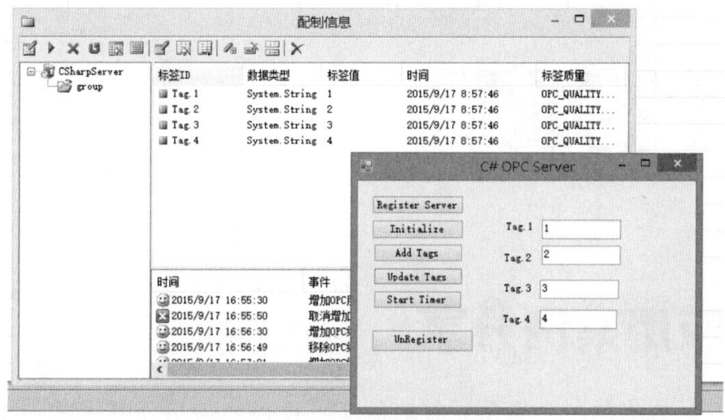

图18-19　增加标签成功

OPC 客户端没有随软件框架的启动而自动读取数据的功能，开发者可以在此基础上进行开发。

第19章

CHAPTER 19

应用案例分享

本章的应用案例是笔者的实际项目经验与互联网理论知识的充分结合。自 2016 年 6 月开始组建团队，历时一年多，笔者设计的整个平台系统才搭建起来，逐步接入生产企业的数据信息，包括设备数据、业务数据和化验数据等。数据接入后，笔者及团队又逐步完善平台系统的技术体系和业务应用。至 2021 年 6 月，平台系统已经上线稳定运行 3 年多的时间，也逐渐向其他领域赋能。

19.1 案例背景

当前，全球第 4 次工业革命兴起与我国制造业转型升级形成历史性的交汇，互联网、大数据、人工智能等新一代信息技术与工业制造技术深度融合，推动生产制造模式、产业组织方式、商业运行机制发生颠覆式的变化，催生了一大批新技术、新产品、新模式、新业态，为经济的发展开辟了新道路、拓展了新边界。

工业互联网作为新一代信息技术与制造业深度融合的产物，通过实现人、机、物的全面互联，构建起全要素、全产业链、全价值链全面连接的新型工业生产制造和服务体系，成为支撑第 4 次工业革命的基础设施，对未来的工业发展会产生全方位、深层次、革命性的影响。

加快发展工业互联网不仅是各国顺应产业发展的大势，抢占产业未来制高点的战略选择，也是我国推动制造业质量变革、效率变革和动力变革，实现高质量发展的客观要求，要推动经济发展，就要充分利用物联网、大数据、人工智能、数字孪生、工业互联网等先进理念和技术，提升工业企业的数字化、网络化、智能化、标准化水平，以数据为中心，以生产过程为核心，构建完整业务功能，实现设备状态监测及预警、生产过程优化、科学智能决策、降低能源消耗。

全国钢铁公有云平台已经上线运行 3 年时间，同时也为企业提供了私有云方案，包含设备、传感器、控制系统、边缘专家系统、云端业务系统、移动 APP 的应用，形成了生产过程的数据闭环，为用户提供更优质的服务，极大地提高了生产和决策的效率及办公的便捷性。

从边缘的生产站点到系统平台的整体数据流向如图 19-1 所示。

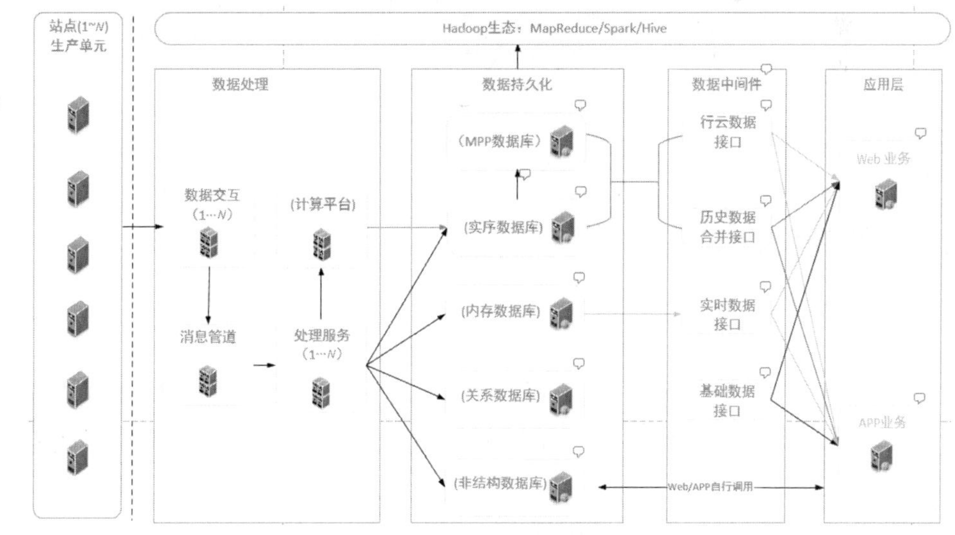

图19-1 数据流向

19.2 基础数据采集

参照本书的设计思维和软件技术，基础数据采集主要是以物理设备或传感器为核心构建框架，同时支持采集各种数据库的业务数据。这些框架可以随意挂载设备驱动在内核容器下运行，协调设备驱动（协议）、IO 通道（COM 和 NET）、运行机制（模式）之间的协作机制，使之无缝结合、运行，并且支持二次开发。实时采集数据要保障数据的实时性、唯一性、完整性和安全性。

基于本书的开发技术，对于数据采集和数据上传到云平台的任务，会通过开发独立的采集驱动插件和上传数据服务插件，来调度不同类型、不同数据源的任务，从而减少数据采集和上传云平台的耦合程度。插件式框架思维，可以提升程序的可扩展性和稳定性，但是其中涉及很多技术细节问题，需要具体问题具体分析。数据采集与上传的整体应用如图 19-2 所示。

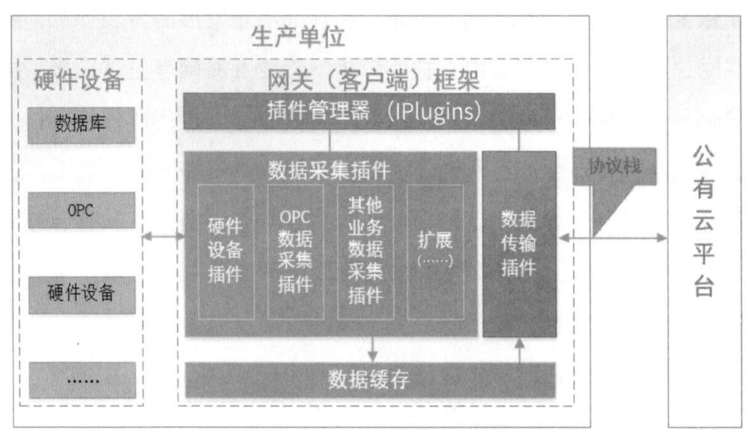

图19-2　数据采集和上传整体应用

19.3 数据传输协议

数据传输协议主要从指令要求、传输流程、通信层级、应答模式、重发机制、超时界定、数据完整性、通信效率、代码和字典定义等方面进行综合考虑，有些是用技术实现的，有些是用协议来保障。

数据在传输过程中，网络稳定性、环境干扰、未知异常等因素可能会造成数据丢失或数据包不完整等问题。数据传输协议要充分考虑这些因素，要有校验和补发机制，保证数据的完整性。

每批次数据发送时可以拆分成多个数据包，拆包机制可以保证数据能够分批发送。避免整体数据发送出现问题后，补发数据造成流量和时间的浪费。

每个数据包要有包头和包尾标识符，以标识一个完整的数据包。

每个数据包要有数据长度标识，在网络通信环境差的情况下，避免出现粘包现象，以保证数据包的完整性。

每个数据包要有数据校验位，在出现丢包、存在环境干扰等情况时，能够准确判断数据包的正确性，如果数据位出现问题，要及时向数据发送方返回错误标识信息，并重新发送数据包。一般采用 CRC 校验。

每个数据包中要标识总包号数和此包数据的包号，以保证能够区分数据总共分多少个包，以及当前传输的是第几包数据，方便补发数据和组装数据包。

同一批次数据拆分的每个数据包都要标识此批次数据的请求编号，这个请求编号是唯一的，以方便组装数据包，并进行数据解析和存储。

每个数据包中要有命令标识，以进行相应的数据处理和应答。

每个数据包中要有授权标识，以保证数据的有效性。

每个数据包中要有数据区，以传输实际的数据内容，这里可以自定义进行扩展。

通信协议结构如图 19-3 所示。

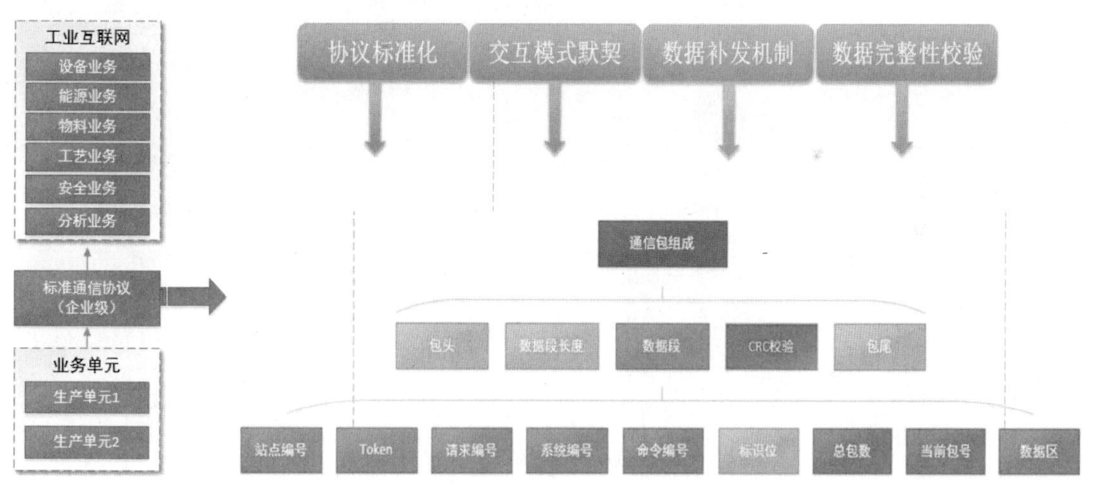

图19-3　通信协议结构

附录

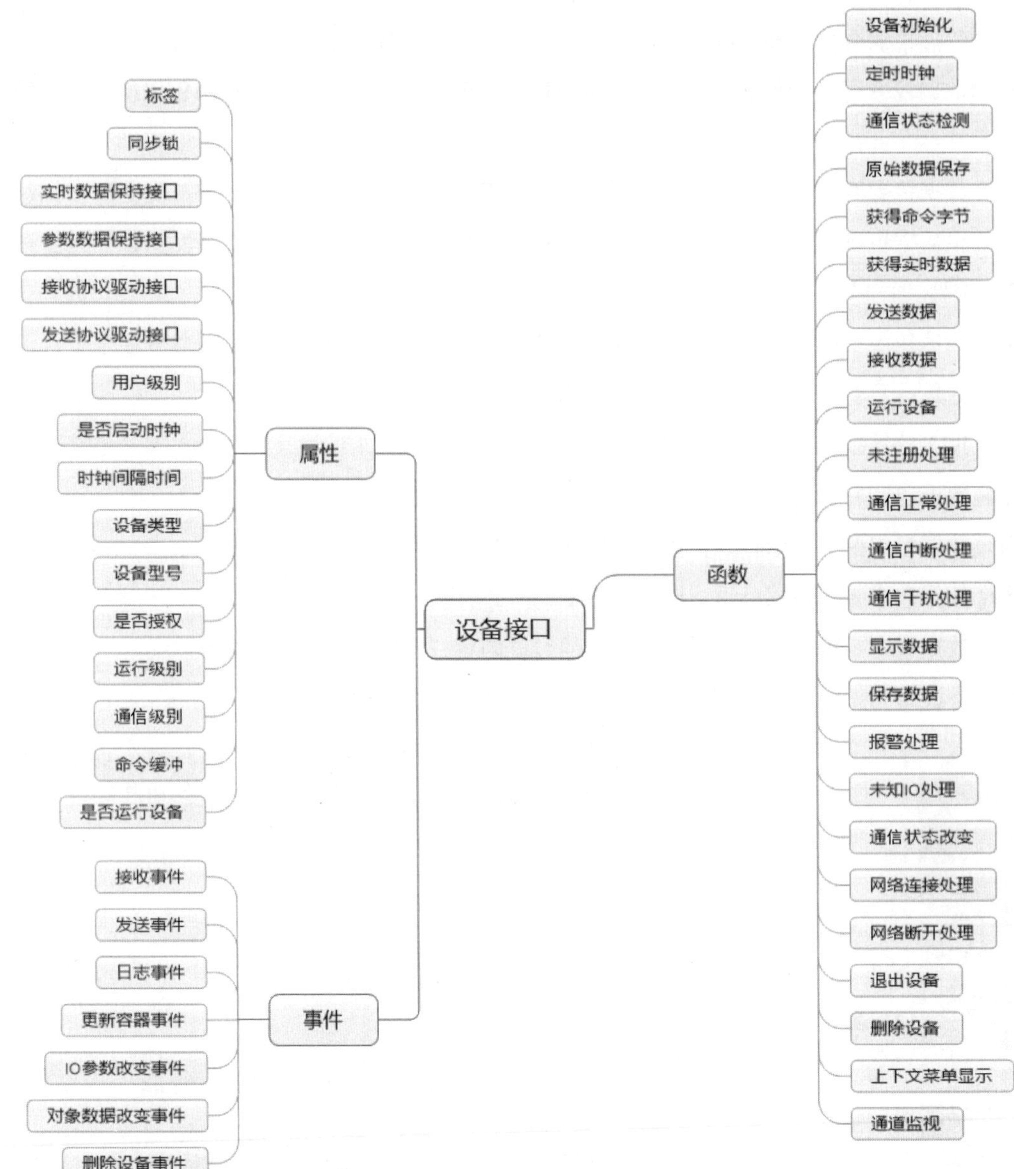

设备接口
属性
标签
同步锁
实时数据保持接口
参数数据保持接口
接收协议驱动接口
发送协议驱动接口
用户级别
是否启动时钟
时钟间隔时间
设备类型
设备型号
是否授权
运行级别
通信级别
命令缓冲
是否运行设备
事件
接收事件
发送事件
日志事件
更新容器事件
IO参数改变事件
对象数据改变事件
删除设备事件
函数
设备初始化
定时时钟
通信状态检测
原始数据保存
获得命令字节
获得实时数据
发送数据
接收数据
运行设备
未注册处理
通信正常处理
通信中断处理
通信干扰处理
显示数据
保存数据
报警处理
未知IO处理
通信状态改变
网络连接处理
网络断开处理
退出设备
删除设备
上下文菜单显示
通道监视